Karl-Otto Döbber

Innovationsmanagement

Betriebliche Probleme strategisch lösen

1. Auflage 2014

© 2014 by Holzmann Medien GmbH & Co. KG, 86825 Bad Wörishofen

Alle Rechte, insbesondere die der Vervielfältigung, fotomechanischen Wiedergabe und Übersetzung nur mit Genehmigung durch Holzmann Medien.

Das Werk darf weder ganz noch teilweise ohne schriftliche Genehmigung des Verlags in irgendeiner Form (Druck, Fotokopie, Mikrofilm oder ähnliches Verfahren) gespeichert, reproduziert oder sonst wie veröffentlicht werden.

Diese Publikation wurde mit äußerster Sorgfalt bearbeitet, Verfasser und Verlag können für den Inhalt jedoch keine Gewähr übernehmen.

Lektorat: Achim Sacher, Holzmann Medien | Buchverlag
Layout: Markus Kratofil, Holzmann Medien | Buchverlag
Satz: Da-TeX Gerd Blumenstein, Leipzig
Druck: Kessler Druck + Medien, Bobingen

Artikel-Nr. 1820.01
ISBN: 978-3-7783-0879-0

Vorwort der Herausgeber

Am 1. April 2011 ist die nach § 42 des Gesetzes zur Ordnung des Handwerks (HwO) erlassene bundesweite Verordnung über die Prüfung zum anerkannten Fortbildungsabschluss „Geprüfter Betriebswirt/Geprüfte Betriebswirtin nach der Handwerksordnung" in Kraft getreten. Damit werden die bisherigen Regelungen bei den einzelnen Handwerkskammern durch eine bundeseinheitliche Rechtsverordnung ersetzt.

Gemäß den Intensionen des Zentralverbands des Deutschen Handwerks liegt das Ziel der neuen, bundeseinheitlichen Fortbildungsmaßnahme „... in der Vertiefung des betriebswirtschaftlich-strategischen Verständnisses der Unternehmensführung. Im Vergleich zu den bisherigen Kammerregelungen ist die bundeseinheitliche Verordnung stärker auf eine Reflexion komplexer wirtschaftlicher Zusammenhänge und auf die Entwicklung konkreter Unternehmensstrategien ausgerichtet". Das heißt: Die Fortbildungsteilnehmer sollen vor allem noch besser befähigt werden,

- das Unternehmen als ein vernetztes System von kundenorientierten Geschäftsprozessen zu verstehen, zu gestalten, zu planen und zu steuern;
- ganzheitlich kundenorientierte Unternehmensstrategien zu entwickeln und
- diese in operativ erfolgreiche Produkte, Dienstleistungen und Maßnahmen innerhalb und außerhalb des Unternehmens gewinnwirksam umzusetzen.

Die hierzu erforderlichen Methoden-, Führungs- und Sozialkompetenzen sind Gegenstand dieser Fortbildungsmaßnahme und prägen Inhalt und Struktur des neuen Rahmenlehrplans, der unter Federführung des Zentralverbandes des Deutschen Handwerks (ZDH), Berlin, erarbeitet wurde. Dem Expertengremium gehörten Vertreter von Handwerkskammern und dem Bundesinstitut für Berufsbildung (BIBB) an. Der neue Rahmenlehrplan sichert bei der Fortbildung zum/r „Geprüfte/n Betriebswirt/in nach der HwO" bundesweit vergleichbare Standards. Dies ist ein wichtiger Beitrag, die hohe Qualität der beruflichen Aufstiegsfortbildung in Handwerk und Mittelstand zu gewährleisten.

Die Prüfung zum „Geprüfter Betriebswirt/Geprüfte Betriebswirtin nach der HwO" ist in die vier handlungsorientierten Prüfungsteile Unternehmensstrategie, Unternehmensführung, Personalmanagement und Innovationsmanagement gegliedert, deren Prüfungsinhalte von der Zentralstelle für die Weiterbildung im Handwerk e. V. (ZWH) in der „Information zur Umsetzung der Verordnung Geprüfte/r Betriebswirt/in nach der Handwerksordnung" (November 2011) wie folgt umschrieben werden:

„Im Prüfungsteil **Unternehmensstrategie** geht es darum, dass die Prüfungsteilnehmer zeigen, dass sie volkswirtschaftliche und gesellschaftliche Rahmenbedingungen im Hinblick auf die eigene Unternehmensstrategie erfassen und bewerten können. Außerdem sollen die künftigen Betriebswirte/-innen befähigt sein, rechtliche Rahmenbedingungen für unternehmerisches Handeln und strategische Entscheidungen zu bewerten und zu berücksichtigen sowie eine geeignete Unternehmensstrategie zu entwickeln und zu planen.

Im Prüfungsteil **Unternehmensführung** soll die Unternehmensstrategie durch Maßnahmen der Unternehmensführung und -organisation sowie der Markt- und Kundenorientierung nachhaltig umgesetzt und durch die Gestaltung der Unternehmensrechnung die wesentlichen Grundlagen des Jahresabschlusses und seiner Analyse sowie die Kosten- und Leistungsrechnung und die Finanzwirtschaft gelegt werden. Zudem soll die Wertschöpfung durch kontinuierliche Verbesserung der Geschäftsprozesse optimiert werden.

Die Prüfungsteilnehmer sollen im Prüfungsteil **Personalmanagement** nachweisen, dass sie mit Blick auf die Unternehmensstrategie eine nachhaltige und ethisch verantwortungsvolle Personalplanung und -gewinnungspolitik realisieren sowie Personalführung und -entwicklung entsprechend den individuellen und den Unternehmensinteressen motivierend gestalten können.

Eine komplexe betriebswirtschaftliche Problemstellung eines Unternehmens soll im Prüfungsteil **Innovationsmanagement** mit einem Lösungsentwurf (Projektarbeit) erarbeitet und präsentiert werden. Dabei sind Bezüge zur Unternehmensstrategie, die Auswirkungen auf die operative Unternehmensführung haben und einen Innovationsbedarf zur Umsetzung der Unternehmensstrategie beinhalten, darzustellen.

Damit wird deutlich, dass im Vergleich zur bisherigen Verordnung im bundesweiten Fortbildungsabschluss die **Ausrichtung auf strategisches Handeln** einen besonderen Stellenwert einnimmt, der in allen Prüfungsteilen zum Tragen kommt."

Auf diese neuen, verstärkt handlungsorientierten Anforderungen sind auch die Lehr- und Lernunterlagen auszurichten. Daher haben Herausgeber und Verlag die vorliegende Schriftenreihe „Kompetenzen zum Erfolg" konzipiert. Aufbau und Inhalt entsprechen den Vorgaben des Rahmenlehrplans und den oben dargestellten Prüfungsinhalten.

Die Lehr- und Lernbuchreihe **„Kompetenzen zum Erfolg"** besteht aus zehn inhaltlich abgestimmten Bänden entsprechend den vier Prüfungsteilen der neuen Verordnung:

Band 1: **Volkswirtschaft** – Rahmenbedingungen für eine Unternehmensstrategie

Band 2: **Unternehmensrecht** – Zivilrecht, Arbeits-, Steuer- und Handwerksrecht

Band 3: **Unternehmensstrategie** – Instrumente und Methoden zur Strategieentwicklung

Band 4: **Unternehmensführung und -organisation** – Betriebliche Abläufe erfolgreich gestalten

Band 5: **Unternehmensrechnung** – Finanzwirtschaft, Jahresabschluss, Kostenrechnung

Band 6: **Marketing und Kundenmanagement** – Strategien und Instrumente erfolgreicher Kundengewinnung und Kundenpflege

Band 7: **Wertschöpfung** – Instrumente, Methoden und Analysen zur Prozessoptimierung

Band 8: **Personalmanagement (Teil I)** – Personal planen und gewinnen

Band 9: **Personalmanagement (Teil II)** – Personal führen und entwickeln

Band 10: **Innovationsmanagement** – Betriebliche Probleme strategisch lösen

Bei der inhaltlichen Gestaltung der einzelnen Bände wurde auf eine handlungsorientierte Wissensvermittlung sehr großen Wert gelegt. Daher ist fast ausnahmslos jedem Kapitel eine Handlungssituation (Fallbeispiel) vorangestellt, deren Probleme vom Lernenden anhand der darauffolgenden Ausführungen im Selbststudium oder unter Anleitung eines/r Dozenten/Dozentin gelöst werden können. Auch im Text sind zahlreiche problemorientierte Handlungssituationen eingebaut, zu deren Lösung sich der/die Lernende das erforderliche Problemlösungswissen erwerben und seine/ihre (Fach-)Kompetenz einsetzen muss. Zur Überprüfung der erworbenen Kompetenz wird jedes Kapitel mit einer umfassenden Handlungssituation/Fallstudie abgeschlossen, wobei auch hier die unternehmensstrategischen Aspekte besonders berücksichtigt wurden.

Ergänzend zu den Lehr- und Lernbüchern der Schriftenreihe werden den Dozenten/Dozentinnen in den Handwerksakademien zusätzlich fachspezifische Unterlagen zur handlungsorientierten Unterrichtsgestaltung, zur Vertiefung der Wissensvermittlung und zur Verwendung in der Managementpraxis zur Verfügung gestellt. Das erleichtert die buchbezogene Vorbereitung und Gestaltung des Unterrichts, ohne die individuelle Schwerpunktbildung bei der Wissensvermittlung einzuschränken.

Die vorliegende Lehr- und Lernschriftenreihe **„Kompetenzen zum Erfolg"** dient nicht nur einer bestmöglichen Vorbereitung auf die Prüfung „Geprüfter Betriebswirt/Geprüfte Betriebswirtin nach der Handwerksordnung". Sie ist auch ein sehr hilfreiches Handbuch und Nachschlagewerk für die täglichen Entscheidungssituationen in der Unternehmensführung – sei es als Unternehmer, Geschäftsführer oder als leitende Führungskraft in einem Handwerksunternehmen. Dabei sind die praxisbezogene Gestaltung der Abbildungen und Checklisten, Hervorhebungen und Marginalien sowie ein ausführliches Stichwortverzeichnis am Ende eines jeden Buches eine große Hilfe.

Bei der Arbeit mit der Lehrbuchreihe „Kompetenzen zum Erfolg", bei der Vorbereitung auf die Prüfung und nicht zuletzt bei der Ablegung der Prüfung wünschen wir Ihnen viel Erfolg!

Die Herausgeber und
Holzmann Medien | Buchverlag

Vorwort des Autors

Die Innovationsfähigkeit ist entscheidend für die Wettbewerbsposition des Betriebes am Markt und damit auch für den längerfristigen Unternehmenserfolg. Innovationen erhöhen den Wert eines Unternehmens und steigern mittelfristig die Ertragskraft. Dies gilt ganz besonders für Klein- und Mittelbetriebe, die auch aufgrund ihrer Arbeitsweisen und Organisationsstrukturen hervorragend für Innovationen geeignet sind. Flache Hierarchien, kurze Kommunikations- und Entscheidungswege, hoher Grad an Flexibilität und die Notwendigkeit zu ausgeprägten selbstständigen Arbeitsformen der gut qualifizierten Mitarbeiter sind wichtige Voraussetzungen und Gegebenheiten, um Innovationen zu erzeugen und praktisch umzusetzen.

Führungskräfte in den Betrieben müssen aufgrund ihrer Funktionen und Aufgaben die Fähigkeit besitzen, durch eine entsprechende Führungskonzeption und durch ihr persönliches Verhalten als Vorgesetzter betriebliche Rahmenbedingungen zu schaffen und ein Klima der Innovationsbereitschaft zu erzeugen. Sie selbst müssen die Fähigkeit besitzen, mögliche Innovationen frühzeitig wahrzunehmen und durch entsprechende Handlungen in reale betriebliche Innovationsmaßnahmen umzusetzen. Dazu gehört neben der Ideenentwicklung und -förderung die Strukturierung der Innovation, die Machbarkeitsanalyse, die Verschriftlichung und Präsentation gegenüber den nächsten Führungsebenen bis hin zur praktischen Erprobung und Einführung in den betrieblichen Arbeitsalltag.

Die Lerninhalte dieses Buches sind so gestaltet, dass die Lernenden nachfolgende Kompetenzen entwickeln:

- Eine komplexe betriebliche Problemstellung in einem Unternehmen analysieren und mit den Instrumenten und Verfahren des Innovationsmanagements lösen.
- Die Bezüge zur Unternehmensstrategie erkennen und die Auswirkungen auf die operative Unternehmensführung berücksichtigen.
- Erarbeitete Lösungen und Innovationsansätze unter festgelegten Rahmenbedingungen schriftlich darstellen.

Der besseren Lesbarkeit wegen wird im Buch meist der Begriff „Teilnehmer", „Mitarbeiter" o. Ä. verwendet. Ich hoffe, Teilnehmerinnen und Mitarbeiterinnen sind damit einverstanden und fühlen sich genauso angesprochen.

Ich wünsche allen Lesern viele interessante Erkenntnisse bei der Lektüre und eine erfolgreiche Umsetzung ihres Wissens in die Praxis.

Karlsruhe, im Frühjahr 2014
Karl-Otto Döbber

Inhaltsverzeichnis

Vorwort der Herausgeber   5

Vorwort des Autors   9

1. Innovationen als Herausforderung für Klein- und Mittelbetriebe   13

1.1 Betriebliche Ausgangssituation   13
1.2 Ursachen für Veränderungen   13
1.3 Innovationsfördernde Merkmale von Klein- und Mittelbetrieben   16

2. Begriffsklärung Innovation und Innovationsmanagement   19

2.1 Innovation und Innovationsbereiche   19
2.2 Innovationsmanagement   20

3. Change Management als Erfolgsfaktor bei Innovationen   23

3.1 Die Veränderung managen   23
3.2 Mitarbeiterverhalten im Veränderungsprozess   25
3.3 Umgang mit Bedenken und Widerständen   29

4 Ablauf des Innovationsmanagements   33

4.1 Innovationsquellen nutzen   33
4.2 Ausgewählte Methoden zur Ideenfindung   34
4.2.1 Mindmapping   34
4.2.2 Brainstorming   37
4.2.3 Brainwriting („Methode 6-3-5")   38
4.2.4 Moderationsmethode   39
4.2.5 SWOT-Methode   44
4.2.6 Szenario-Technik   45
4.2.7 Kaizen   48
4.2.8 Kontinuierlicher Verbesserungsprozess (KVP)   51

4.2.9	Qualitätszirkel	54
4.2.10	Interne Audits	58
4.3	**Ideenauswahl und -bewertung**	59
4.4	**Umsetzung der Idee/Innovation**	60
4.4.1	Der PDCA-Zyklus als Umsetzungs- und Kontrollhilfe	61
4.4.2	Projektmanagement als Umsetzungsinstrument	62
4.4.3	Abschließende Erfolgsmessung der Innovationsumsetzung	63
5	**Betriebswirtschaftliche Problemstellungen in eine Projektarbeit umsetzen**	**67**
5.1	**Bedeutung und rechtliche Rahmenbedingungen**	67
5.2	**Eckpunkte für die Anfertigung einer Projektarbeit**	69
5.3	**Einsatz von Projektmanagementinstrumenten**	75
6	**Ausgewählte Grundlagen des wissenschaftlichen Arbeitens zur Erstellung einer Projektarbeit**	**81**
6.1	**Ausgewählte Teilbereiche des wissenschaftlichen Arbeitens im Rahmen der Projektarbeit**	82
6.1.1	Quellen recherchieren und auswerten	82
6.1.2	Die Einleitung	84
6.1.3	Der Hauptteil	84
6.1.4	Der Schlussteil	88
6.1.5	Textergänzungen zur Projektarbeit	89

Der Autor   91

Literaturverzeichnis   92

Stichwortverzeichnis   95

1. Innovationen als Herausforderung für Klein- und Mittelbetriebe

1.1 Betriebliche Ausgangssituation

Klein- und Mittelbetriebe sind in unserer Wirtschaft ein wichtiger Faktor der Innovationen und Entwicklungen. Dies liegt einerseits daran, dass die Betriebe oftmals durch die Inhaber geführt werden und somit hohe Identifikation und Willenskraft zur Veränderung und Entwicklung vorliegt. Andererseits ist die ständige Weiterentwicklung und Innovation unverzichtbar, um dem Wettbewerbsdruck und den veränderten Rahmenbedingungen am Markt zu begegnen. Diese Situation spiegelt sich im Arbeitsalltag insbesondere bei allen Führungskräften täglich wieder. Die Erwartungshaltung, innovativ zu sein und Lösungen zu bringen und keine Probleme, ist selbstverständliche Voraussetzung geworden, Führungspositionen einzunehmen.

> **Handlungssituation (Fallbeispiel)**
>
> Als neu angestellter Betriebswirt in einem größeren Handwerksbetrieb der metallverarbeitenden Branche haben Sie neben der Verantwortung für die Kundenbetreuung nach Auftragserteilung auch die Verantwortung für die Auftragsproduktion und für die Endmontage beim Kunden einschließlich der Nachbetreuung. Kundenbindung durch hohe Kundenzufriedenheit ist ein wesentliches Element der Unternehmenskultur. Sie beobachten, dass vermehrt Kunden anrufen und mit dem Produkt nicht mehr zufrieden sind. Ihnen wird schnell klar, dass aufgrund der bisherigen Strukturen und Arbeitsweisen verschiedene Ursachen in der Produktion und bei der Montage liegen können. Außerdem bemerken Sie, dass die Kunden auch mit anderen Anbietern verhandeln und zusammenarbeiten. Sie machen sich intensiv Gedanken darüber, mit welchen Ideen, Problemlösungen und Veränderungen diese Ursachen behoben werden können. Dabei ist für Sie das oberste Ziel, die Kosten gering zu halten und die Qualität und Kundenzufriedenheit zu optimieren.

Handlungssituation

1.2 Ursachen für Veränderungen

Die Klein- und Mittelbetriebe in Deutschland bilden den Kern der Deutschen Wirtschaft. Gemäß dem Institut für Mittelstand (IfM) werden 99,6 % der Unternehmen diesem Bereich zugerechnet (Kleinunternehmen: bis 9 Personen und bis unter 1 Mio. Euro Umsatz, mittlere Unternehmen bis 499 Personen und bis unter 50 Mio. Euro Umsatz). Diese Betriebe beschäftigen ca. 61 % aller sozialversiche-

Klein- und Mittelbetriebe

1. Innovationen als Herausforderung für Klein- und Mittelbetriebe

rungspflichtigen Beschäftigten und bilden etwa 80 % aller Auszubildenden aus (Quelle: Institut für Mittelstand Bonn, 2012). Diese für die Gesamtwirtschaft bedeutsamen Unternehmen stehen vor großen Herausforderungen.

Herausforderungen für Klein- und Mittelbetriebe

Ursachen für Veränderungen

Der **demografische Wandel** bezeichnet ganz allgemein die Veränderung einer Bevölkerung nach Zahl und Struktur. Der demografische Wandel ist damit mehr als nur der zahlenmäßige Rückgang der Bevölkerung durch die alleinige Veränderung der Altersstruktur. Es geht dabei um die Gesamtveränderung in der Gesellschaft und damit auch um die Veränderungen für die Arbeitswelt. Davon besonders betroffen ist der unternehmerische Bereich mit der Personalgewinnung und -bindung.

Der **Wandel der Arbeitswelt** bezieht sich in diesem Zusammenhang auf den technologischen Wandel und auf die Veränderungen zur Dienstleistungs- und Wissensgesellschaft. Die Anpassung der Produkte und Dienstleistungen und die schnellen Entwicklungszyklen sind Kennzeichen dieser Veränderungen.

Die **Internationalisierung der Märkte** führt einerseits dazu, dass sich neue Absatzmärkte eröffnen, aber sich andererseits auch der Wettbewerb verschärft. Die Globalisierung erzeugt insgesamt einen erhöhten Wettbewerbsdruck, dem sich auch die Klein- und Mittelbetriebe zwischenzeitlich nicht mehr entziehen können. Der Qualitäts- und Produktivitätsdruck steigt erheblich an.

Die **gesellschaftlichen/sozialen Veränderungen** führen dazu, dass sich der Anspruch an den Arbeitsplatz und das Arbeitsumfeld stark verändern. Die individuellen Werte der Arbeitnehmer und die gesellschaftlichen Werte führen zu veränderten Anforderungen an die Betriebe bezüglich der Arbeitsgestaltung und des Arbeitsumfeldes.

1.2 Ursachen für Veränderungen

Im modernen Leben wird die **Mobilität** zu einem neuen Grundprinzip. Das bezieht sich sowohl auf den Arbeitsplatz als auch auf das Privatleben (Wohnort, Ehe, Familie). Die Möglichkeiten, mobil zu sein und zu leben, werden immer einfacher durch die Angebote des privaten und öffentlichen Verkehrs, durch die stark wachsenden unterschiedlichen Formen der Miet- oder Share-Systeme und selbstverständlich durch die „mobilen Technologien" wie Smartphone, Laptop, Tablet-PC usw.

Um die Herausforderungen zu meistern, müssen die Betriebe ihre Strategien nach außen und innen überdenken und den neuen Gegebenheiten immer wieder anpassen.

Dabei sind Antworten auf die nachfolgenden Fragen zu finden (Quelle: Offensive Mittelstand – Gut für Deutschland (Hrsg.), 2012, Seite 11):

Strategiefragen nach außen:

- Welche sind unsere spezifischen Stärken, die uns von der Konkurrenz unterscheiden (eigene Stärken)?
- Was bieten wir unseren Kunden (Geschäftsfelder)?
- Wie wollen wir den Wettbewerb bestreiten (Wettbewerb)?
- Wo wollen wir mit unserem Unternehmen hin (Zukunft)?

Strategiefragen

Strategiefragen nach innen:

- Was müssen wir intern tun, um unsere spezifischen Stärken ins Spiel zu bringen (Kernkompetenzen fördern)?
- Wie können wir alle internen Ressourcen auf die erfolgreiche Umsetzung unserer Strategie nach außen ausrichten (Produktivität)?
- Besitzen wir auch noch in Zukunft die klugen Köpfe und geschickten Hände für unsere Strategie (zukünftige Handlungsfähigkeit)?
- Was machen wir, um uns in unserem gesellschaftlichen Umfeld zu positionieren (Verankerung im Umfeld)?

Diese aufgeführten Leitfragen besitzen hohe Innovationskraft, um die Weichen für die Zukunft eines Unternehmens zu stellen.

> **Situationsbezogene Aufgabe**
> Versuchen Sie, die acht Strategiefragen auf Ihr Unternehmen zu beziehen und entsprechende Antworten zu finden. Gleichen Sie die Antworten mit Ihren Lernpartnern ab. Wo gibt es Gemeinsamkeiten, wo Unterschiede?
>
> Versuchen Sie Begründungen dafür zu finden!

1. Innovationen als Herausforderung für Klein- und Mittelbetriebe

1.3 Innovationsfördernde Merkmale von Klein- und Mittelbetrieben

Besonders kleine und mittlere Unternehmen werden immer wieder als besonders innovativ herausgestellt. Die Ursachen dafür sind sehr vielfältig und sollen an dieser Stelle etwas genauer betrachtet werden (in Anlehnung an: Dömötör, R., 2011).

Innovationsfördernde Wirkung von KMU

Merkmale von Klein- und Mittelbetrieben	Innovationsfördernde Wirkung
hohe Flexibilität durch flache Organisationsstrukturen	direkte und häufig informale Kommunikation zwischen Mitarbeitern und Vorgesetzten
wesentliche betriebliche Funktionen in einer Person vereint (Inhaber, Geschäftsführer)	Begünstigung von schnellen und kurzen Entscheidungswegen
geringer Formalisierungsgrad in der Organisationsstruktur	positive Auswirkungen auf die Gewinnung neuer Ideen und kurze Reaktionszeiten bei neuen Anforderungen/Veränderungen
Unternehmerpersönlichkeit	individuelle Prägung der Unternehmenspolitik und -kultur und Impulsgeber für Innovationen
geringe Arbeitsteilung und hohe Fertigungstiefe	Denken in Gesamtzusammenhängen und positiver Umgang mit Komplexität fördert die Innovationsfähigkeit.
Marktnähe und direkter Kundenkontakt durch die überwiegende Mehrheit der Mitarbeiter	Kundenwünsche und -bedürfnisse werden sofort wahrgenommen und können in innovative Veränderungen einfließen.
hohe Qualifikation und Motivation der Mitarbeiter	Selbstständiges Arbeiten und dadurch bewirktes Mitdenken fördert Ideenreichtum und Kreativität als Basis für Innovationen.

Innovationsfördernde Wirkungen bei Klein- und Mittelbetrieben

1.3 Innovationsfördernde Merkmale von Klein- und Mittelbetrieben

In der Fachliteratur und in unterschiedlichen Untersuchungen wird herausgestellt, dass besonders die Führungskräfte und das damit gelebte Führungskonzept (Einstellungen, Verhaltensweisen, Wertschätzung und Vertrauen) und die Unternehmenskultur entscheidend dafür sind, dass Innovationen entstehen und in messbare Erfolge umgesetzt werden.

Trotz der beschriebenen positiven Wirkung auf die Innovationskraft durch die spezifischen Merkmale von Klein- und Mittelbetrieben gibt es auch eine Vielzahl von Gründen dafür, dass diese Potenziale nicht oder nur sehr gering genutzt werden.

Situationsbezogene Aufgabe

Erarbeiten Sie eine Tabelle/Übersicht mit KMU-spezifischen Besonderheiten, die aber häufig Barrieren darstellen, Innovationen zu entwickeln und umzusetzen (dabei können einzelne Merkmale gleichzeitig innovationsfördernd, aber auch innovationshemmend sein).

2. Begriffsklärung Innovation und Innovationsmanagement

2.1 Innovation und Innovationsbereiche

Betrieben, denen hohe Innovationsfähigkeit nachgesagt wird, zeichnen sich dadurch aus, dass sie Instrumente und Verfahren einsetzen, Innovationen und daraus resultierende notwendige Veränderungen früh zu erkennen. Im nächsten Schritt besitzen diese Betriebe eine hohe Veränderungsbereitschaft, diese Neuerungen einzuführen und umzusetzen. Das gilt sowohl für die Organisation, aber ganz besonders auch für die betroffenen Menschen. Dabei basieren Innovationen auf Wissen, Kreativität und unternehmerischem Gespür.

Das Wort „Innovation" lässt sich von dem lateinischen Begriffen novus („neu" oder „neuartig") und innovatio („etwas neu Geschaffenes") ableiten.

Wird der Begriff Innovation konkret beschrieben, so kann die nachfolgende Definition hilfreich sein:

> „Bezeichnung in den Wirtschaftswissenschaften für die mit technischem, sozialem und wirtschaftlichem Wandel einhergehenden (komplexen) Neuerungen. Bisher liegt kein geschlossener, allg. gültiger Innovationsansatz bzw. keine allg. akzeptierte Begriffsdefinition vor. Gemeinsam sind allen Definitionsversuchen die Merkmale: (1) Neuheit oder (Er-)Neuerung eines Objekts oder einer sozialen Handlungsweise, mind. für das betrachtete System, und (2) Veränderung bzw. Wechsel durch die Innovation in der und durch die Unternehmung, d.h. Innovation muss entdeckt/erfunden, eingeführt, genutzt, angewandt und institutionalisiert werden." (Quelle: Springer Gabler Verlag [Herausgeber], Gabler Wirtschaftslexikon, Stichwort: Innovation, online im Internet: http://wirtschaftslexikon.gabler.de/Archiv/54588/innovation-v8.html, Abrufdatum: 21.11.2013)

Definition von Innovation

Die Innovationskraft eines Unternehmens ist nicht nur an den Produkten und Dienstleistungen erkennbar, sondern schließt die verschiedensten unternehmerischen Bereiche und zugehörige Schnittstellen mit ein.

Kundennutzeninnovation	Prozessinnovation	Kulturinnovation
– Entwicklung von Produkten und Dienstleistungen	– Optimierung des Weges zur Leistungserstellung	– Mitarbeiterbedürfnisse und Unternehmensstruktur (Sozial- und Strukturinnovation)

Arten von Innovationen
(in Anlehnung an: Schori, K./Roch, A., Seite 14)

2. Begriffsklärung Innovation und Innovationsmanagement

Arten von Innovationen

Kundennutzeninnovation

Die Entwicklung von Produkten und Dienstleistungen stehen hier im Zentrum. Innovationen in diesem Bereich versuchen ständige Neuerungen aufgrund der kürzeren Produktlebenszyklen zu ermöglichen und dabei die veränderten Kundenbedürfnisse und technologischen Fortschritte zu berücksichtigen.

Prozessinnovation

Prozesse sind Abfolgen von Aktivitäten, die aus klar definierten Eingaben (Inputs) und ebenso klar definierten Ergebnissen (Outputs) erzeugt werden. Ein Prozess wird in gleicher oder sehr ähnlicher Art immer wieder durchgeführt. Er kann Organisationseinheiten überschreiten und erfordert in der Regel das Zusammenwirken mehrerer Personen. Ein Prozess führt in der Regel zu einer Wertschöpfung. Innovationen innerhalb des Prozessmanagements bedeuten, das Verhältnis von Prozessergebnis und Durchlaufzeit zu optimieren und die Qualität zu sichern.

Kulturinnovation

Die Kulturinnovation berücksichtigt zwei Bereiche: den Mitarbeiterbereich (Sozialinnovation) und den Bereich der Organisationsstruktur (Strukturinnovation). Beide Bereiche sind eng miteinander verknüpft und beeinflussen sich gegenseitig. Innovationen im Mitarbeiterbereich bedeuten, die Rahmenbedingungen des Arbeitsumfeldes so zu gestalten, dass innovative Mitarbeiter gewonnen werden können, die Arbeitszufriedenheit durch Möglichkeiten der Kreativität und Eigenverantwortung gestärkt wird und eine hohe Arbeitsplatzsicherheit vorhanden ist. Diese Ziele lassen sich nur erreichen, wenn es die Organisationsstruktur des Unternehmens ermöglicht.

2.2 Innovationsmanagement

Innovationen alleine bringen noch nicht den betrieblichen Erfolg. Sie müssen umgesetzt und gemanagt werden. Dabei ist ebenfalls zu berücksichtigen, dass die besonderen Merkmale von kleineren und mittleren Betrieben auch das Innovationsmanagement beeinflussen.

Innovationsmanagement

Die Arbeitsbereiche des Innovationsmanagements umfassen institutionelle und funktionale Aufgaben. Es müssen die konkreten Innovationsprozesse gesteuert werden, und das Umfeld und die Rahmenbedingungen, in die diese eingebettet sind, müssen gestaltet werden. Das Innovationsmanagement ist dabei auch für die Gestaltung des betrieblichen Innovationssystems und des Innovationsumfelds zuständig. Es geht also um die systematische Planung, Steuerung und Kontrolle von Innovationen, um diese erfolgreich für das Unternehmen nutzbar zu machen.

2.2 Innovationsmanagement

Innovationsmanagement ist dabei stark vernetzt mit anderen Bereichen der Unternehmenssteuerung. Dazu gehören im Wesentlichen:

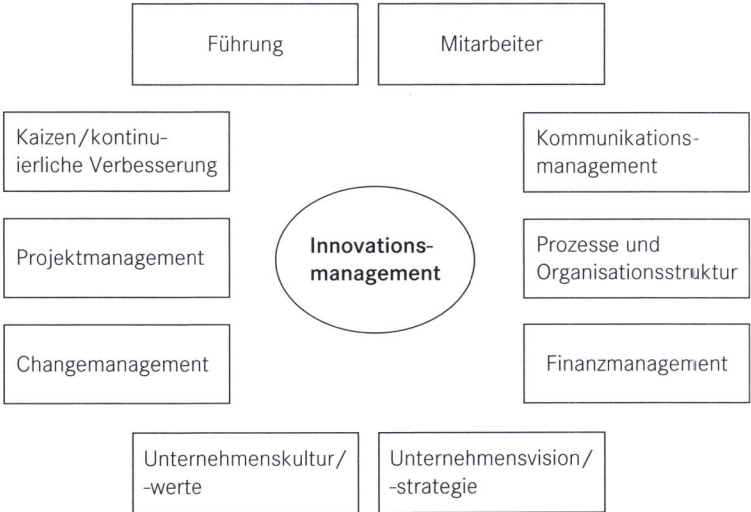

Vernetzung des Innovationsmanagements

Die umfassende Bedeutung und Vernetzung des Innovationsmanagements wird verdeutlicht mit der nachfolgenden Definition:

> „Das Innovationsmanagement ist aufgrund seiner starken Vernetzung eine betriebliche Kerntätigkeit, die im Wesentlichen an den Eigenschaften einer Innovation ausgerichtet ist und damit verschiedene Managementaspekte verbindet. Betriebliches Innovationsmanagement zielt auf die Wertsteigerung eines Unternehmens. Dieser Zweck wird erreicht durch eine neuartige Kombination von Mitteln und Zwecken, die sich ausdrückt in
>
> - der Gestaltung eines neuen Produktes,
> - der Gestaltung eines neuen Prozesses im Sinn eines technischen Verfahrens,
> - der Gestaltung einer neuen Dienstleistung,
> - der Gestaltung einer neuen internen wie externen Organisation, etwa eines Unternehmensnetzwerks sowie
> - der Gestaltung einer Kombination aus dem Vorgenannten."
>
> (Quelle: Springer Gabler Verlag [Herausgeber], Gabler Wirtschaftslexikon, Stichwort: Innovationsmanagement, online im Internet: http://wirtschaftslexikon.gabler.de/Archiv/11723/innovationsmanagement-v8.html, Abrufdatum: 21.11.2013)

2. Begriffsklärung Innovation und Innovationsmanagement

Betriebliche Rahmenbedingungen für Innovationen

Um Innovationen im Unternehmen zu erzeugen und umzusetzen, müssen betriebliche Rahmenbedingungen gegeben sein, die Spielräume ermöglichen und Innovationsbehinderungen nicht aufkommen lassen. Diese umzusetzen liegt in der Verantwortung der Führungskräfte/des Managements. Dazu gehört z. B.:

- Verstärktes strategisches Denken und Handeln über mittel- und langfristige Zeiträume. Das bedeutet für die Führungskräfte, dass sie eine klare Unternehmensstrategie entwickeln müssen.
- Vermeidung bzw. Abbau von unnötigem Bürokratismus. Unnötig viele schriftliche Anträge, Protokolle, Dokumentationen usw. führen zu mehr Belastungen und Abneigungen gegenüber innovativer Arbeit. Dieser Punkt führt in der Praxis häufig zu Konflikten. Die Balance zwischen notwendiger Dokumentation und eigenverantwortlichen Freiräumen muss von Fall zu Fall immer wieder neu ausbalanciert werden.
- Die persönlichen Beziehungen der Mitarbeiter untereinander fördern und ein „menschliches" Maß des Arbeitsumfelds gestalten. Hier gilt insbesondere die Notwendigkeit zur Umsetzung einer zeitgemäßen und dem Unternehmen angepassten Unternehmenskultur.
- Stärkere Berücksichtigung von kooperativer Mitarbeiterführung, Teamarbeit, zwischenmenschlicher Kommunikation, aber auch professionelles Konflikt- und Selbstmanagement.
- Verringerung von Hierarchien und Top-down-Anweisungen und damit die Stärkung von Selbstorganisation und Autonomie. Das setzt voraus, dass die Mitarbeiter der Unternehmen entsprechend hoch qualifiziert sind, sich mit dem Unternehmen identifizieren und durch Maßnahmen der Personalentwicklung ständig gefördert werden.

Die Beispiele machen auch die Vernetzung mit anderen Unternehmens- und Arbeitsbereichen deutlich. Viele Vernetzungsbereiche werden an anderer Stelle der Fortbildung zur/zum „Geprüften Betriebswirt/-in nach der Handwerksordnung" bearbeitet.

Situationsbezogene Aufgabe

Bei den Innovationen unterscheidet man drei verschiedene Arten von Innovationen. Versuchen Sie, zu jeder Innovationsart ein betriebliches Beispiel aus Ihrem Arbeitsumfeld zu finden. Analysieren Sie, welche spezifischen Rahmenbedingungen diese Innovation gefördert hat. Wenn Sie kein betriebliches Beispiel für eine Innovation finden, überlegen Sie, ob eine der beschriebenen betrieblichen Rahmenbedingungen dafür die Ursache sein kann.

3. Change Management als Erfolgsfaktor bei Innovationen

3.1 Die Veränderung managen

Neben den Vernetzungen, die das Innovationsmanagement mit sich bringt, nimmt das Change Management im Rahmen der Einführung von Innovationen eine besondere Position ein. Change Management wird deshalb an dieser Stelle ausführlicher bearbeitet.

Bevor ein Unternehmen und die verantwortlichen Führungskräfte eine mögliche Innovation weiterentwickeln und als Struktur, Prozess, Produkt oder Dienstleistung einführen, muss Klarheit darüber bestehen, dass derartige Innovationen Auslöser von Veränderungen sind und somit im Unternehmen eine hohe Veränderungskompetenz entwickelt werden muss oder schon vorhanden sein sollte.

Die Bedeutung des Change Managements ist abhängig vom Ausmaß und der Intensität der innovativen Veränderung, von der Anzahl der betroffenen Mitarbeiter und von den bisherigen Erfahrungen der Mitarbeiter im Bereich von betrieblichen Veränderungen.

Definition Change Management

> Change Management ist die Analyse, Planung, Umsetzung und Überprüfung von Veränderungsmaßnahmen in den Handlungsfeldern Strategien, Innovationen, Strukturen, Prozessen und Verhaltensweisen im Unternehmen. Dabei berücksichtigt und unterstützt Change Management die permanente Weiterentwicklung von Veränderungen.

Definition Change Management

3. Change Management als Erfolgsfaktor bei Innovationen

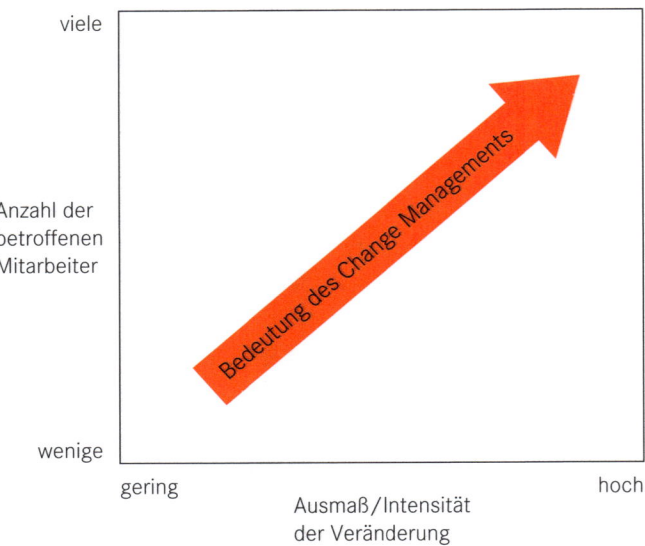

Anstieg der Bedeutung eines professionellen Change Managements (in Anlehnung an: Stolzenberg, K./ Heberle, K., 2009, S. 7)

Beides bedeutet, dass die Strategien und Instrumente des Change Managements angewendet und umgesetzt werden müssen. Change Management plant notwendige innovative Veränderungen und begleitet und steuert den Prozess der Entwicklung und betrieblichen Einführung. Durch Innovationen und die damit verursachten Veränderungen sind Mitarbeiter und Führungskräfte häufig stark verunsichert und teilweise verängstigt. Change Management hat somit die Aufgabe, eine möglichst hohe Akzeptanz der Veränderung zu erreichen und Widerstände möglichst gering zu halten bzw. sie in angemessener Weise zu berücksichtigen.

Veränderungsprozesse

Veränderungsprozesse aufgrund von Innovationen können dabei unterschiedlich intensiv sein:

- **Breite der Veränderung**
  Anzahl der Veränderungen (Strategie-, Prozess-, Technologie-, Organisation-, Personalveränderung) und Anzahl der betroffenen Arbeitsbereiche.

- **Tiefe der Veränderung**
  Je größer die Abweichung zwischen dem Ist-Zustand und dem angestrebtem Soll-Zustand, desto radikaler die Veränderung.

- **Geschwindigkeit der Veränderung**
  Zügige Veränderungen schaffen Stress und damit größere Radikalität als eine Veränderung der kleinen Schritte.

3.2 Mitarbeiterverhalten im Veränderungsprozess

In der betrieblichen Praxis können diese drei Möglichkeiten auch in gemischter Form oder gleichzeitig auftreten. In der Realität der einzelnen Betriebe ist die Wahrnehmung der Veränderung natürlich unterschiedlich. Die Ursachen dafür können darin gesehen werden, welche Gewohnheiten und Erfahrungen mit Veränderungen vorliegen.

Eine weitere Erklärung zum Change Management geht davon aus, dass kleinere Veränderungen als „Wandel 1. Ordnung" bezeichnet werden. Dazu gehören zum Beispiel kleinere kontinuierliche Veränderungen an Produkten, Dienstleistungen, Arbeitsplätzen oder in einzelnen Teilbereichen eines Unternehmens.

Der „Wandel 2. Ordnung" beinhaltet grundlegende Umgestaltungen im Unternehmen, Aufkäufe, Fusionen und andere fundamentale Veränderungen.

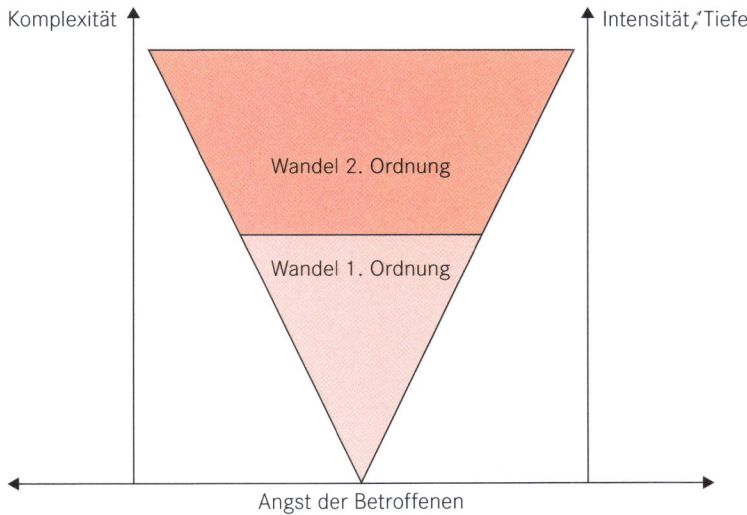

Wandel 1. und 2. Ordnung (in Anlehnung an: Vahs, 2005, S. 250)

3.2 Mitarbeiterverhalten im Veränderungsprozess

Je nach Intensität der Veränderung werden die betroffenen Mitarbeiter darüber nachdenken, welche Konsequenzen sich aus der neuen Situation für den eigenen Arbeitsplatz ergeben. Entsprechende Fragen tauchen dazu auf:

- Wo wird mein Platz nach der Veränderung sein/wie werde ich positioniert?
- Kann ich den neuen/veränderten Anforderungen gerecht werden?
- Wird sich meine Stellung/meine Hierarchie im Unternehmen durch die Veränderung verbessern/verschlechtern?

Mitarbeiterverhalten

3. Change Management als Erfolgsfaktor bei Innovationen

Die daraus nachvollziehbaren Verhaltensweisen der Mitarbeiter lassen sich aus der Erkenntnis ableiten, dass Mitarbeiter bestimmte „Reaktionsmuster" durchlaufen und mit ihren Emotionen auf die Veränderungen reagieren. Diese Phasen im Veränderungsprozess können mit der nachfolgenden Grafik gut verdeutlicht werden.

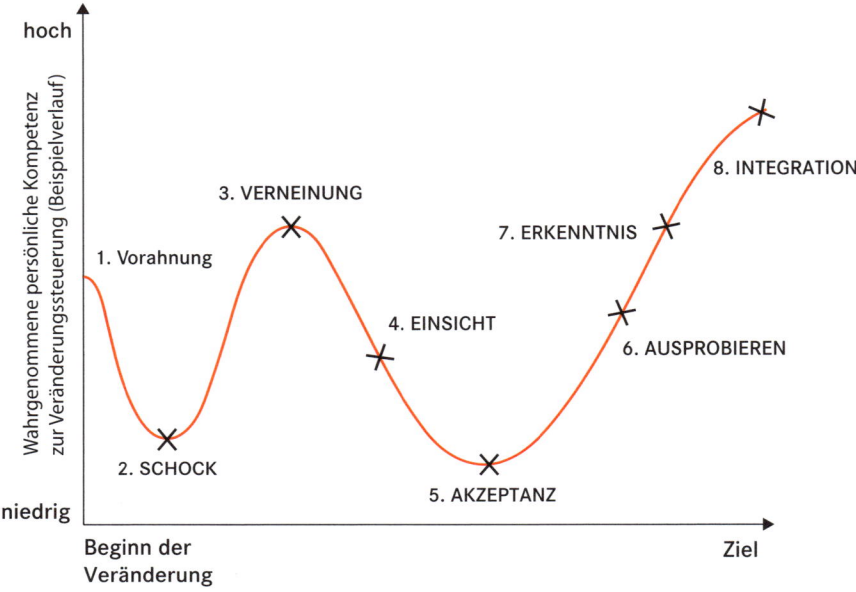

Phasen der Veränderung (in Anlehnung an: Kostka, C./Mönch, A. 2009, S. 11)

Die nachfolgende Tabelle gibt Auskunft über mögliche Reaktions- und Erklärungsmuster zu den einzelnen Phasen.

Reaktions- und Verhaltensmuster von Mitarbeitern

Phase	Reaktion	Erklärung
1. Vorahnung	„Uns geht es gut, ich glaube nicht, dass uns das passiert."	Eine Veränderung bahnt sich an. Gerüchte gehen um. Es treten leichte Unruhen auf. Risiken werden bewusst, aber die eigene Einflussnahme ist ungewiss.
2. Schock	„Das kann doch nicht wahr sein."	Veränderungen werden öffentlich. Einzelne Personen fühlen sich vor Schreck wie gelähmt und können es nicht fassen.

3.2 Mitarbeiterverhalten im Veränderungsprozess

Phase	Reaktion	Erklärung
3. Verneinung	„Das stimmt nicht."	Um die eigene Sicherheit zu erhalten, wird durch Verneinung oder sogar Verleugnung des Ausmaßes der möglichen Veränderungen eine Abwehrhaltung eingenommen. Andere haben die Schuld, eigene Veränderungen werden nicht akzeptiert.
4. Einsicht	„Es ist furchtbar, aber es ist schon klar, dass ..."	Es wächst die Einsicht zur Veränderung, unabhängig von der eigenen Auseinandersetzung damit. Kleine Veränderungen bringen wenig Erfolg, weil sie nicht überzeugend von den betroffenen Menschen getragen werden. Hoher Grad an Frustration.
5. Akzeptanz	„Es stimmt eigentlich doch!"	Die Erkenntnis wächst, dass es keinen Weg zurück gibt. Man nimmt langsam Abschied von lieb gewonnenen Gewohnheiten und Verhaltensweisen. Innere Trauer und Entmutigung herrschen vor, allerdings werden die Anforderungen für eine erfolgreiche Veränderung akzeptiert.
6. Ausprobieren	„Wir können es mal versuchen."	Die Menschen öffnen sich für die Veränderung, und Neugier breitet sich aus. Die Einbeziehung der Mitarbeiter ist wesentliches Element für den weiteren Erfolg.
7. Erkenntnis	„So könnte es tatsächlich gehen."	Durch geförderte Lernprozesse wird neue Sicherheit erlangt. Instrumente und Maßnahmen werden akzeptiert und helfen, die Neuerungen zu verankern.
8. Integration	„Das ist doch klar und selbstverständlich."	Das Selbstvertrauen der Beteiligten ist gestärkt, und die Veränderungen wurden fest eingeführt Der erfolgreiche Umgang mit den Veränderungen ist selbstverständlich.

Erklärung der Veränderungsphasen

3. Change Management als Erfolgsfaktor bei Innovationen

Im Rahmen von Veränderungsprozessen gibt es keine Vorgaben für das Durchlaufen der Phasen. Jeder durchläuft die Phasen unterschiedlich schnell und unterschiedlich intensiv. Der Verlauf wird stark durch die „Komfortzone" des Einzelnen und durch das Führungsverhalten geprägt.

Unterschiedliche Wahrnehmung des Veränderungsprozesses

Die genaue Betrachtung der Veränderungsphasen macht deutlich, dass die Innovationen, die zu einer Veränderung führen, von den Mitarbeitern unterschiedlich wahrgenommen und akzeptiert werden. Verantwortliche Personen für das Change Management im Betrieb müssen also besonders auf die Mitarbeiter achten, sie in den Veränderungsprozess einbeziehen und ihre Bedürfnisse berücksichtigen.

Als Führungskraft muss einem deshalb bewusst sein, dass die betroffenen Mitarbeiter in ihrem jeweiligen Wahrnehmungs- und Akzeptanzverhalten unterschiedlich sind. Der amerikanische Wirtschaftswissenschaftler Everett M. Rogers entwickelte schon 1962 ein Modell, das die Verbreitung von Innovationen in einem Kurvendiagramm darstellt. Damit wird sichtbar, dass Innovationen mit sozialen Prozessen einhergehen, die gewissen Gesetzmäßigkeiten folgen. Entscheidend ist dabei, ob die frühen Anwender („early adopters") einer Veränderung durch eine Innovation von dessen Qualitäten überzeugt werden können und ihre Erfahrungen weitergeben.

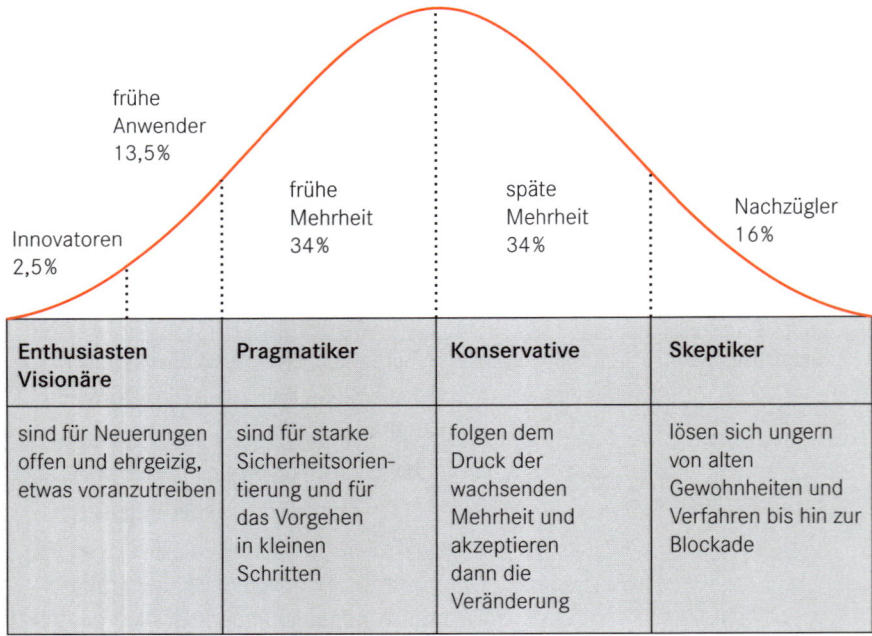

Innovationsbereitschaftskurve (in Anlehnung an: Rogers, E.M., 2003)

Die Kurve lässt erkennen, dass besonders die Skeptiker, die bei einer Veränderung auch zum Widerstand neigen, besonders zu beachten sind. Die individuellen Bedürfnisse, die Persönlichkeitsausprägungen und die Wahrnehmung der Veränderung können Ursachen für mögliche Widerstände sein. Verbunden damit sind oft Ängste vor dem Unbekannten, wirtschaftliche Faktoren oder auch Sicherheitsbedürfnisse.

3.3 Umgang mit Bedenken und Widerständen

Eine neue Innovation bringt häufig Veränderungen mit sich, die etwas Neues an die Stelle des Alten bringt. Diese Situation führt bei den Betroffenen zu Unsicherheit und Instabilität. Da die Menschen aber immer das Bedürfnis nach Sicherheit und Stabilität haben, führt die neue Situation zu Gefühlen wie Angst, Verunsicherung, Ohnmacht und drohenden Verlusten, z. B. an Einfluss oder Ansehen. Es ist also normal und verständlich, dass sich gegen Innovationen und Veränderungen Widerstand bildet. Sie sind somit normale Begleiterscheinungen. Je nach Position und Einfluss dieser Personen kann der Widerstand eine Veränderung oder die Einführung einer Innovation erschweren oder auch völlig blockieren.

Unsicherheit bei den Betroffenen

Daher ist es aus der Perspektive der Verantwortlichen besonders wichtig, die Fragen zu stellen,

- welche Personen und Gruppen zu den Bedenkenträgern gehören.
- welche Personen und Gruppen mögliche „Verlierer" einer neuen Innovation/ Veränderung sein können.
- was die Ursachen und Argumente gegen die Umsetzung von Innovationen/ Veränderungen sind.

Widerstand gegen Veränderungen hat aber nicht nur im Bereich der Persönlichkeiten Ursachen, sondern kann auch auf der Organisationsebene eines Unternehmens verankert sein. So können z. B. strukturbedingte Verfahren und Machtpositionen derartigen Widerstand erzeugen.

Widerstand gegen Veränderungen

Doppler/Lautenburg zeigen Beispiele auf, wie im Alltag von Veränderungsprozessen im Betrieb typische Kennzeichen von Widerständen sichtbar werden.

3. Change Management als Erfolgsfaktor bei Innovationen

	verbal (Reden)	nonverbal (Verhalten)
aktiv (Angriff)	**Widerspruch** Gegenargumentation Widerspruch Vorwürfe Drohungen Polemik sturer Formalismus	**Aufregung** Unruhe Streit Intrigen Gerüchte Cliquenbildung
passiv (Flucht)	**Ausweichen** Schweigen Bagatellisieren Blödeln ins Lächerliche ziehen Unwichtiges debattieren	**Lustlosigkeit** Unaufmerksamkeit Müdigkeit Fernbleiben Passivität steigende Krankheitsfehlzeiten

Mögliche Kennzeichen für den Widerstand (in Anlehnung an Doppler/Lautenberg 2008)

Die dargestellten Symptome und Verhaltensweisen zeigen, dass die betroffenen Personen noch nicht „angekommen" sind, um die Veränderungen und Innovationen zu akzeptieren und tiefer liegende Ursachen für das Verhalten vorliegen können.

Umso wichtiger ist der richtige Umgang mit Widerständen im Veränderungsprozess.

Eine besondere Bedeutung kommt nun der Führungskraft zu, die die Fähigkeit beherrschen muss, mögliche Ängste und Einwände ernst zu nehmen und mit richtigen Verhaltensweisen und Instrumenten darauf einzugehen, oder sogar die vorhandene Energie im Sinne der Veränderungsprozesse nutzbar zu machen. Auf jeden Fall sind unnötige Eingeständnisse zu vermeiden oder sogar auf die Veränderung zu verzichten.

Doppler/Lauterburg (Change Management 2008) beschreiben vier Grundsätze des Widerstand im Veränderungsprozess:

1. Grundsatz: Es gibt keine Veränderung ohne Widerstand!

Grundsätze des Widerstands

Widerstand bei Veränderungen und Innovationen ist ein ganz normales Reaktionsmuster von betroffenen Menschen. Treten keine Widerstände auf, ist den Betroffenen vielleicht von vornherein klar, dass die Realisierung nicht eintritt.

2. Grundsatz: Widerstand enthält immer eine „verschlüsselte Botschaft"!

Wenn Menschen sich gegen etwas notwendig oder sinnvoll Erscheinendes sträuben, liegen individuelle Bedenken, Befürchtungen oder Ängste vor. Die Ursachen gegen Neuerungen liegen im emotional-persönlichen Bereich.

3. Grundsatz: Nichtbeachtung von Widerstand führt zu Blockaden!

Wenn Widerstand auftritt, ist das ein Zeichen dafür, dass die Voraussetzungen für ein reibungsloses Vorgehen und Umsetzen nicht oder noch nicht gegeben ist. Es erscheint sinnvoll, das Tempo zeitweise zu verringern, Denkpausen einzulegen und die Sachlage nochmals zu überdenken.

4. Grundsatz: Mit dem Widerstand, nicht gegen ihn gehen!

Auch gezeigter Widerstand setzt Energie des Betroffenen voraus. Diese unterschwellige emotionale Energie muss ernst genommen und sinnvoll kanalisiert und genutzt werden.

Die dargestellten vier Grundsätze verdeutlichen, dass mit Widerständen konstruktiv umgegangen werden muss, um den Erfolg der Innovationsumsetzung nicht zu gefährden.

Konstruktiver Umgang mit Widerständen

Häufig ist jedoch die erste spontane Reaktion von Führungskräften auf den Widerstand Ungeduld und Ärger. Auch wiederholte Erklärungsversuche zur Notwendigkeit der Veränderung führen kaum zum Ziel, sondern eher zu ständigen Wiederholungen von Erklärungsansätzen.

Nur ein analytisches und ruhiges Vorgehen kann eine Vertrauensbasis schaffen und die verschlüsselten Botschaften erkennen, die hinter dem Widerstand liegen.

Ausreichend Zeit, eine gute Fragetechnik und die Fähigkeit zum Zuhören sind die Führungsfähigkeiten, die hier zum Einsatz kommen müssen.

> **Situationsbezogene Aufgabe**
> Betrachten Sie nochmals die vier möglichen Arten des Widerstands bei einer Veränderung. Versuchen Sie zugehörige Lösungsansätze zu beschreiben, wie eine Führungskraft durch organisatorische Maßnahmen und durch entsprechendes Führungsverhalten den Widerstand gering halten bzw. abbauen kann.

4. Ablauf des Innovationsmanagements

Um Innovationen erfolgreich umzusetzen, muss eine entsprechende Innovationsstrategie vorliegen oder entwickelt werden. Dabei ist unter Strategie ein Ziel- und Handlungsplan zur Realisierung von längerfristigen Zielen zu verstehen. Eine Innovationsstrategie ist somit Teil der gesamten Unternehmensstrategie. Innovationsstrategien können unterschiedliche Ausprägungen haben und sich je nach Zielsetzung mehr dem Markt, der Technologie, dem Wettbewerb, der Kooperation oder den Strukturen und Prozessen zuwenden. Immer aber steht der Mensch im Mittelpunkt. Er ist Ausgangspunkt der Innovation und auch Umsetzer der Ergebnisse. Daneben wirken noch vielfältige andere externe und interne Quellen auf Ideenfindungen und damit Innovationsauslösungen. Der eigentliche Prozess von der Ideenfindung bis zur Einführung der Veränderungen/Ideen lässt sich mit der nachfolgenden Abbildung darstellen.

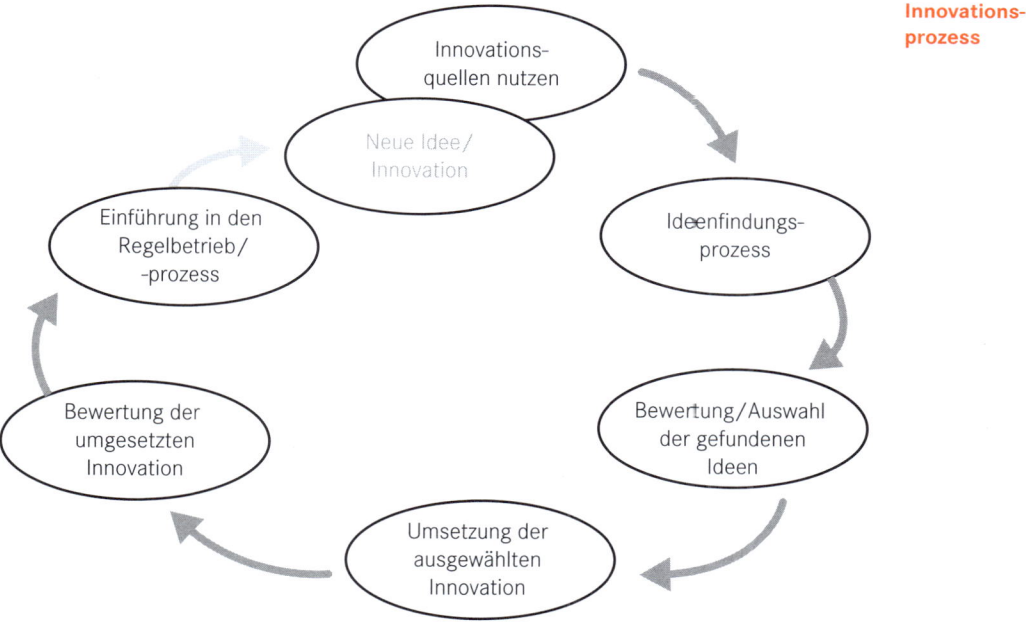

Der Innovationsprozess

4.1 Innovationsquellen nutzen

Um überhaupt neue Ideen/Innovationen im Betrieb zu ermöglichen, ist es erforderlich, mit „offenen Augen" den Betrieb und das Umfeld zu beobachten. Das bedeutet, alle internen und externen Quellen zu nutzen, die in irgendeiner Weise mögliche

Innovationen auslösen können. Dazu gehören z. B. Kunden, Sitzungen, Fortbildungen, Lieferanten, Mitarbeiter, Teams, Auszubildende usw. Daraus lassen sich Ideen, arbeitsbezogene Problemstellungen und Anregungen für Innovationen ableiten.

Ideen und Innovationen, die einen Mehrwert für das Unternehmen bringen, entstehen in den seltensten Fällen durch Zufall, sondern mithilfe gezielter Instrumente und Verfahrensweisen. Dafür können die unterschiedlichsten Informationsquellen eingesetzt werden. Dabei werden einzelne Methoden von Personengruppen, andere wiederum auch von Einzelpersonen angewendet.

Grundprinzip der Ideenfindung

Das Grundprinzip der Ideenfindung beruht immer auf den folgenden drei Schritten:

1. **Sammeln**
   Dabei geht es in erster Linie nicht um die Qualität, sondern um die Quantität der Ideen zu möglichen Innovationen oder Problemlösungen. Umgangssprachlich kann man diesen Schritt auch mit „Spinnen ist Pflicht!" umschreiben.

2. **Verdichten**
   In diesem Schritt geht es darum, die gefundenen Rohideen zu strukturieren/zu clustern und daraus eine mögliche Rangordnung von Ideen abzuleiten.

3. **Präsentieren**
   Bis zu diesem Zeitpunkt sind die Ideen noch wenigen Menschen bekannt und inhaltlich noch wenig durchdacht. Zudem besteht die Gefahr, dass die neuen Ideen schnell „kaputtgeredet" werden. Es ist also wichtig, die Ideen anderen attraktiv darzustellen und sie dafür zu begeistern. Erst dann wird der Weg zu einer möglichen Umsetzung und Realisierung frei.

Die nachfolgenden exemplarischen Methoden verknüpfen teilweise diese drei Schritte oder sind speziell geeignet, einen einzelnen Schritt in den Mittelpunkt der Bearbeitung zu stellen.

4.2 Ausgewählte Methoden zur Ideenfindung

4.2.1 Mindmapping

Im normalen Arbeitsalltag werden Denkleistungen überwiegend durch die linke Gehirnhälfte (logisch-analytische Hälfte) gefördert. Dabei werden die kreativen Potenziale unseres gesamten Gehirns bei Weitem nicht ausgeschöpft, weil die rechte (emotional-gestalterische Hälfte) kaum bewusst einbezogen wird.

4.2 Ausgewählte Methoden zur Ideenfindung

Mindmapping

Im Rahmen der Ideenfindung geht es darum, durch einen ganzheitlichen Ansatz beide Hirnhälften gleichermaßen zu nutzen und dadurch kreatives Denken und Handeln zu fördern. Die Mindmapping-Methode wurde von dem englischen Psychologen und Mathematiker Tony Buzan in den 70er-Jahren entwickelt und lässt sich in vielen Bereichen einsetzen (vgl. Buzan, T./Buzan, B. 2013). Mindmapping ist eine „Gedächtnis-Landkarte" und kann als ein „strukturiertes Brainstorming" bezeichnet werden. Das methodische Vorgehen lässt sich mit folgenden Leitsätzen beschreiben:

- Im Unterschied zu traditionellen Aufzeichnungen beginnt man mit der Zentralidee (dem Zentralthema, der Problemstellung) in der Blattmitte. Dieses Thema bildet den **„Stamm"**.
- Die Grundstruktur wird im Mindmap dadurch sichtbar gemacht, dass die Hauptgedanken vom Zentrum ausgehend auf Linien geschrieben werden. Diese Hauptgedanken bilden die **„Äste"**.
- Ideen zu den Hauptgedanken werden von den Ästen abzweigend auf weitere Linien geschrieben und bei Bedarf immer weiter unterteilt. Diese Ideen bilden die **„Zweige"**.

Damit ist der Grundaufbau eines Mindmaps schon fertig. Um den visuellen Eindruck zu optimieren und die Übersicht zu wahren, sollte möglichst nur in Druckschrift geschrieben werden; nur Stichworte/Schlüsselworte verwenden und immer, wo es sinnvoll erscheint, zusätzliche visuelle Darstellungsmittel einsetzen (z.B. Symbole, Farben, kreative Bilder usw.). Die richtigen Schlüsselwörter mit entsprechenden visuellen Unterstützungen ermöglichen es, ganze Gedankenkomplexe abzubilden. Man hat ständig den gesamten Themenkomplex vor Augen und kann die Vernetzung der einzelnen Elemente sehr schnell herstellen.

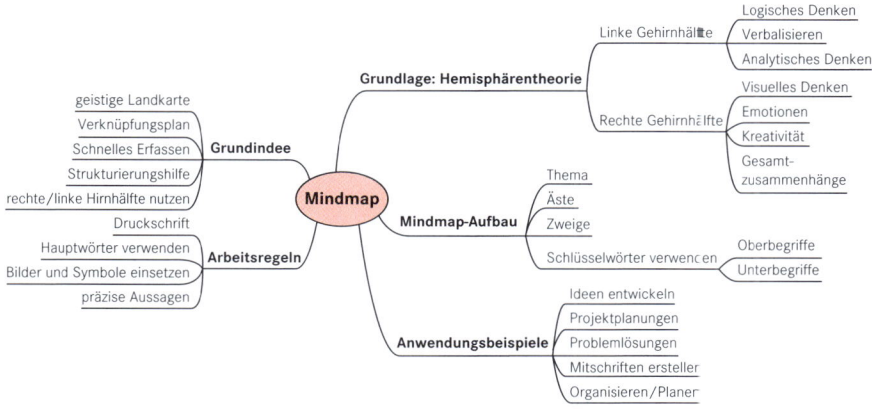

Ein Mindmap über Mindmapping

Erstellung eines Mindmaps

Arbeitsschritte zur Erstellung eines Mindmaps

- **Das zentrale Thema in die Mitte positionieren**
  Das zentrale Thema des Mindmaps wird groß in die Mitte geschrieben und mit einem Kreis oder einer Wolke eingerahmt. Damit wird auf den ersten Blick deutlich, welches Wort/welche Worte das zentrale Thema beschreiben. Anschließend werden einige Linien an die Wolke oder den Kreis in der Mitte gezeichnet. Die direkt vom Hauptthema abgehenden Linien werden als Äste bezeichnet.

- **Oberbegriffe finden**
  Auf den Ästen werden nun alle wichtigen Oberbegriffe aufgeschrieben, die zum gewählten Thema passen. Sollte kein Ast mehr frei sein, können beliebige Äste hinzugefügt werden. Dieser Schritt ist eine geistige Struktur des Themas, vergleichbar mit Kapiteln oder wichtigen Absätzen eines Textes. Beim Mindmapping werden nur Schlüsselwörter und keine ganzen Sätze oder Satzfragmente verwendet. Dadurch werden die Gedanken auf das Wesentliche konzentriert. Beim Lesen zu einem späteren Zeitpunkt werden die Schlüsselwörter genau das wiedergeben, was beim Schreiben des Mindmaps gedacht wurde.

- **Schlüsselwörter den Oberbegriffen zuordnen**
  Um die Gedanken zu ordnen, werden weitere detaillierende Schlüsselwörter den Oberbegriffen zugeordnet. Diese Schlüsselwörter werden auf Zweige gezeichnet, die an die jeweiligen Äste anschließen. Durch dieses Vorgehen entsteht eine systematische Baumstruktur, die nach Themen oder Schwerpunkten sortiert ist.

- **Mindmap verfeinern und vervollständigen**
  Im vierten Schritt wird das so entstehende Mindmap verfeinert und im Bedarfsfall vervollständigt. An dieser Stelle können auch grafische Darstellungen eingebaut oder sinnvolle Verbindungspfeile zwischen einzelnen Ästen hergestellt werden, um bestehende Zusammenhänge klarer sichtbar zu machen. Dadurch wird sichergestellt, dass auch nach einiger Zeit alle Denkvorgänge und Inhalte nachvollziehbar und verständlich bleiben.

Viele Neuanwender haben anfangs Schwierigkeiten, die logischen Sequenzen, den Anfang, den Schluss, die Gewichtung der Ideen oder den Gedankenfaden zu behalten. Es ist deshalb wichtig, dass diese Technik intensiv geübt und immer wieder in unterschiedliche Anwendungsbereiche übernommen wird. Mindmapping kann von einer Einzelperson genauso wie von einer Gruppe durchgeführt werden. Bei einer Gruppensitzung entsteht in der Diskussion auf einer Pinnwand oder einem Flipchart ein großes Mindmap. Eine Person übernimmt in der Regel die Tätigkeit des Aufzeichnens und moderiert die Diskussion.

Eine weitere interessante Möglichkeit des Mindmapping ist die Entwicklung und Gestaltung von Mindmaps mithilfe von Computerprogrammen, die in unterschiedlicher Form am Markt zu erwerben sind. Damit können gut strukturierte Maps vorbereitet werden und z. B. im weiteren Schritt der Ideenfindung als Folie zum Einsatz kommen oder zu einer Präsentation von Ideen weiter verarbeitet werden. Zu bedenken ist dabei allerdings, dass ein wesentlicher kreativer Teil der Ideenfindungsarbeit mithilfe eines PCs teilweise verloren geht.

> **Situationsbezogene Aufgabe**
> Erarbeiten Sie ein Mindmap in Einzelarbeit zum Thema „Maßnahmen zur Förderung der Kundenbindung".

4.2.2 Brainstorming

Die wohl bekannteste und auch eine der wichtigsten Kreativitätsmethoden ist das Brainstorming (Gedächtnissturm, Ideenwirbel). Diese intuitive Methode wurde in den 30er-Jahren von Alex Osborn entwickelt (ursprünglich: using the brain to storm a problem). Wesentlicher Kern dieser Methode ist die Aktivierung des Unterbewusstseins. Die ihr zugrunde liegenden Regeln sind so grundsätzlich, dass sie auch als Grundgerüst für Spielregeln von kreativen Gruppen bei anderen Ideenfindungsmethoden ihre Gültigkeit haben:

Brainstorming

- keine Kritik oder Bewertung in der Phase der Ideenfindung
- Quantität geht vor Qualität. Je mehr Vorschläge entwickelt werden, umso wahrscheinlicher ist eine gute und umsetzbare Idee dabei.
- freier Lauf der Assoziationen und damit das freie Gedankenspiel
- Aufgreifen und Weiterentwickeln von Ideen anderer hat die Wirkung eines Multiplikators und führt zu Synergieeffekten.

Die Problemstellung sollte prägnant gefasst sein, entsprechend werden auch die Antworten der Teilnehmer erwartet. Die Gruppengröße kann variieren, sollte mindestens fünf und maximal 15 Personen umfassen.

Durchführungsphase des Brainstormings

Durchführung des Brainstormings

- **Problemstellung**
  Der Moderator vergewissert sich, dass alle Teilnehmer die Problemstellung verstanden und eine einheitliche Problemauffassung haben. Die Regeln des Brainstormings werden der Gruppe verdeutlicht. Dabei sind auch die zeitlichen Rahmenbedingungen abzuklären.

- **Ideenaustausch**
  Alle eingebrachten Ideen werden stichwortartig vom Moderator für alle sichtbar protokolliert (Flipchart oder Pinnwand). Die Dauer richtet sich nicht unbedingt nach der vorgegebenen Zeit, sondern nach dem Ideenfluss. Man sollte allerdings nicht schon nach dem ersten Nachlassen des Ideenflusses die Sitzung abbrechen. Die Ideen entwickeln sich meistens in einer abflachenden Wellenbewegung. Zum Schluss fließen die Ideen langsamer, aber die Originalität nimmt meistens in dieser Phase nochmals zu.

- **Lösungsfindung/Auswertungsphase**
  Diese Phase kann direkt im Anschluss an die Brainstormingsitzung oder zeitversetzt stattfinden. Je nach Thema und fachlich-technischem Anspruch kann die Auswertung gemeinsam von allen oder aber von einem kleinen Fachteam durchgeführt werden. Wichtig ist allerdings, dass alle Teilnehmer über das Ergebnis informiert werden und erkennen, was ihr „Gedächtnissturm" bewirkt hat.

4.2.3 Brainwriting (Methode „6-3-5")

Brainwriting

Beim Brainwriting sollen die Sitzungsteilnehmer zur Ideenfindung ihre Ideen schriftlich fixieren und dabei bestimmte Grundregeln einhalten. Dabei gilt die Erkenntnis, dass ein gewisser Stressanteil die Kreativität fördert. In einer befristeten Zeit müssen die Ideen selbst aufgeschrieben werden. Die Bezeichnung **6-3-5** ist gleichzeitig die Regelanweisung:

Methode „6-3-5"

- **6** Teilnehmer schreiben in
- **3** vorgegebene Problemlösefelder je eine Idee. Dafür haben sie
- **5** Minuten Zeit.

Nach der Problemdefinition und -erklärung erhalten die Teilnehmer ein Formblatt, in dem die notwendige Spalten- und Zeilenaufteilung schon vorgegeben ist. Zunächst trägt jeder in die obere Zeile seine drei Ideen in fünf Minuten ein. Danach wandern die Blätter im Uhrzeigersinn zum Nachbarn. Vor sich findet man ein Blatt, auf dem schon drei Ideen fixiert sind. Diese kann man in der nächsten Zeile weiterentwickeln oder neue Ideen hinzufügen. Es müssen aber nicht unbedingt immer alle drei Felder ausgefüllt werden. Dieser Vorgang wird sechsmal wiederholt, dann ist das Blatt voll. Nach 30 Minuten kommen in einer Sechsergruppe maximal 108 Ideen zusammen!

4.2 Ausgewählte Methoden zur Ideenfindung

Die Auswertungsphase kann ähnlich gestaltet werden wie beim Brainstorming.

Thema:		
1		
2		
3		
4		
5		
6		

Formblatt für eine Brainwriting-Sitzung

4.2.4 Moderationsmethode

Die Moderationsmethode hat sich seit vielen Jahren in betrieblichen Arbeitsprozessen insbesondere dort bewährt, wo es darum geht, Personen in den Prozess der Problemlösung/Ideenfindung aktiv mit einzubeziehen. Die Methode wurde als Instrument entworfen, um Menschen an Meinungsbildungs-, Planungs- und Entscheidungsprozessen zu beteiligen. Moderation ist somit eine Methode zur Verbesserung zwischenmenschlicher Kommunikation und Förderung der Aktivität und Selbstständigkeit in Problemlösungs- und Ideenfindungssituationen. Mithilfe der Moderationsmethode können die Beteiligten ihre Kompetenz in die Zusammenarbeit einbringen und selbst voneinander lernen.

Moderation

Das wichtigste Element der Moderation bildet die **Einbeziehung und Aktivierung der Beteiligten.** Die Betonung liegt dabei auf Selbstständigkeit und Selbstbestimmung der teilnehmenden Personen durch aktive Einbeziehung aller Gruppenmitglieder.

Elemente der Moderation

4. Ablauf des Innovationsmanagements

Als zweites Element kann die kontinuierliche **Visualisierung** der zu erarbeitenden Inhalte angesehen werden. Traditionell geschieht die Verständigung in Problemlösungsprozessen vorwiegend über die Sprache. Die „optische Sprache" im Rahmen der Moderationsmethode versucht systematisch den gesamten Gesprächs- und Problemlöseverlauf visuell festzuhalten und der Gruppe ständig präsent zu machen. Durch die Arbeit mit diesen Prinzipien der ständigen Visualisierung werden sowohl die Gesamtzusammenhänge als auch Details und Entwicklungslinien des Lösungsprozesses jederzeit sichtbar. Dadurch wird konzentriert, sachlich, systematisch und somit ziel- und ergebnisorientiert gearbeitet.

Moderator

Als drittes Element ist die Person des **Moderators** zu betrachten. Er ist Prozessbegleiter und nimmt möglichst geringen inhaltlichen Einfluss. Seine primäre Aufgabe besteht darin, den notwendigen Rahmen dafür zu schaffen, dass alle Beteiligten sich optimal einbringen und ihre geistigen Ressourcen voll nutzen können. Er organisiert das Umfeld, fördert das Arbeitsklima, strukturiert den Prozess und ist methodischer Helfer, der die Fähigkeit besitzt, seine eigenen Meinungen und Wertungen zurückzustellen.

Der Ablauf einer moderierten Problemlösesequenz ist geprägt von der Grundaussage **„Fragen statt Sagen"**. Die möglichst offene Fragestellung soll Denkanstöße vermitteln und zum kreativen Mitmachen anregen. Durch Fragen kann das Problembewusstsein erhöht und das Finden von Argumenten und Lösungsideen erleichtert werden. Die **Kartenfrage** wird an der Pinnwand visualisiert und erläutert. Danach erhalten die Teilnehmer Rechteckkarten, um ihre Antworten aufzuschreiben. Diese werden eingesammelt, nach inhaltlich übereinstimmenden Bereichen sortiert (geclustert) und mit entsprechenden Oberbegriffen überschrieben. Die Kartenfrage wird in ihrer klassischen Form als verdeckte (anonyme) Frage formuliert. Das heißt, alle Teilnehmer erarbeiten einzeln die Antworten, und erst nach Sammlung aller Antworten beginnt man gemeinsam mit der Visualisierung und Clusterbildung.

Bevor eine Moderationssitzung durchgeführt wird, ist es von Vorteil, im Vorfeld einige Fragen zu beantworten. Dazu gehört u. a. zu klären, ob innerhalb der Gruppe bestimmte Hierarchien vorherrschen oder ob Konflikte die Zusammenarbeit stören können. Kenntnisse über Qualifikationen und Erfahrungen zum Thema erleichtern die fachlich-inhaltliche Arbeit. Um gute Ergebnisse zu erreichen, sollte im Vorfeld geklärt werden, welche Entscheidungs- und Umsetzungskompetenzen die Moderationsgruppe besitzt. Abschließend ist vorher zu klären, welche Erfahrungen die Teilnehmer mit der Methode haben und wie die Rahmenbedingungen für die Moderationssitzung festgelegt werden (Zeit, Ort und Medien).

Struktur einer Moderation

Eine Moderationssequenz lässt sich grundsätzlich mit dem nachfolgenden Phasenschema erklären:

Phasenschema einer Moderation

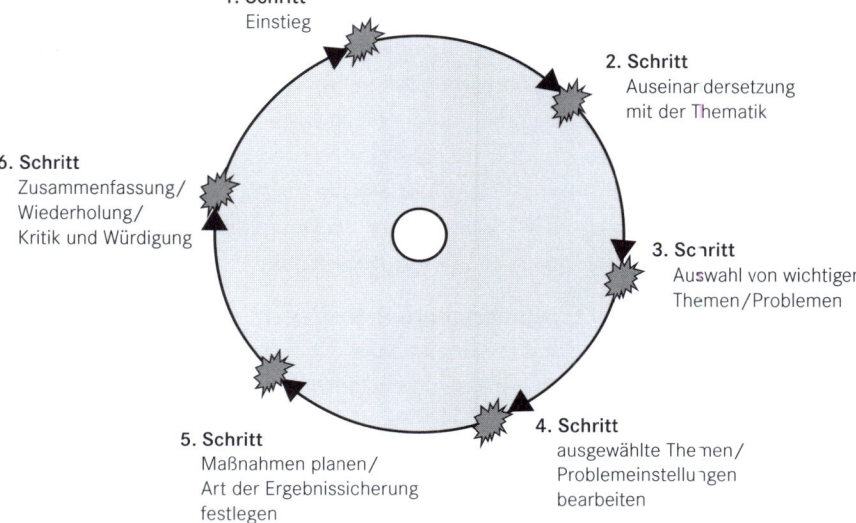

Das „Rad" der Moderation

1. **Einstiegsphase**

   In der Einstiegsphase soll durch Hinführung zum Thema/zur Problemstellung eine Arbeitsstimmung aufgebaut werden, die motivierend ist und zur Auseinandersetzung mit der Problem- oder Fragestellung einlädt.

2. **Auseinandersetzung mit der Thematik**

   Hier eignet sich die Kartenfrage besonders gut. Alle Teilnehmer haben dabei die Möglichkeit, ihre Meinung oder ihr Wissen zu einer inhaltlichen Frage/zu einem Problem im Plenum einzubringen. Die Kartenfrage als Herzstück der Moderationsmethode muss besonders sorgfältig formuliert, geplant und durchgeführt werden. Die Ergebnisse dieser Arbeitsphase bilden den Ausgangspunkt für den nächsten Schritt der Ideenfindung und Ideenbewertung/-auswahl.

3. **Auswahl von wichtigen Themen/Problemen**

   Nachdem gemeinsam mit der gesamten Gruppe möglichst viele Aspekte der Thematik über die Kartenfrage erfasst und geordnet wurden, wird im nächsten Schritt versucht, einen Themenspeicher aufzubauen und die Einzelthemen nach einem ausgewählten Gesichtspunkt zu gewichten und in eine Rangfolge zu bringen. Die Gewichtung kann direkt auf der Fragepinnwand an den Clustern durchgeführt werden oder auf einer getrennten Pinnwand, die als „Themenspeicher" gestaltet wird. Dadurch wird es möglich, im Rahmen einer bestimmten Zeitvorgabe die Themen/Probleme zu bearbeiten, die von der Gruppe in dieser Situation als besonders wichtig angesehen werden.

4. **Bearbeitung von ausgewählten Themen/Problemen**
   In dieser Phase wird üblicherweise in arbeitsteiligen Kleingruppen gearbeitet. Die Teilnehmer ordnen sich möglichst auf der Basis der eigenen Interessenentscheidung einer Kleingruppe zu und bearbeiten ihr gewähltes Thema. Grundsätzlich muss zu Beginn der Gruppenarbeit darauf hingewiesen werden, dass die Ergebnisse mithilfe einer Visualisierung (frei gestaltet oder nach einem Raster vorgegeben) anschließend im Plenum präsentiert werden sollen. Die Präsentation dient der Ergebnisvorstellung im Plenum und der Vertiefung/Weiterbearbeitung des Themas aus der Kleingruppe (z. B. in Expertengruppen).

5. **Maßnahmen planen/Ergebnissicherung festlegen**
   Je nach Thema oder Problemstellung kann es sinnvoll und wichtig erscheinen, dass aufgrund der erarbeiteten Ergebnisse bestimmte Folgemaßnahmen oder -arbeiten abgeleitet werden, die von einzelnen Experten oder Fachgruppen durchgeführt werden. Um eine möglichst hohe Verbindlichkeit und personenbezogene Verantwortung der vereinbarten Tätigkeiten zu erreichen, eignet sich besonders die Auflistung in einem „Tätigkeits- oder Aufgabenkatalog" mit namentlichen Festlegungen für die weitere Umsetzung/Bearbeitung.

6. **Abschluss**
   Genau wie der Einstieg sollte bei der Moderation auch der Abschluss genau geplant und strukturiert sein. Hier soll eine gezielte Zusammenfassung des bisherigen Problemlöse- oder Ideenfindungsprozesses erfolgen, offene Fragen beantwortet und über das weitere Vorgehen gesprochen werden. In bestimmten Fällen bietet es sich an, ein Feedback über den Verlauf der Moderationssitzung einzuholen.

Visualisierung

Entscheidend für den erfolgreichen Verlauf einer Moderation ist die Visualisierung. Die Arbeit mit Moderationskarten und die ergänzenden farblichen Heraushebungen fördern das Denken, Handeln und Merken von einzelnen Informationen. Sie zwingt gleichzeitig dazu, präzise zu arbeiten und die Gedanken gut zu strukturieren. Die Visualisierung hilft, den roten Faden der Gesamtbearbeitung beizubehalten und ermöglicht gleichzeitig eine gute Dokumentation und Auswertung der gefundenen Erkenntnisse.

4.2 Ausgewählte Methoden zur Ideenfindung

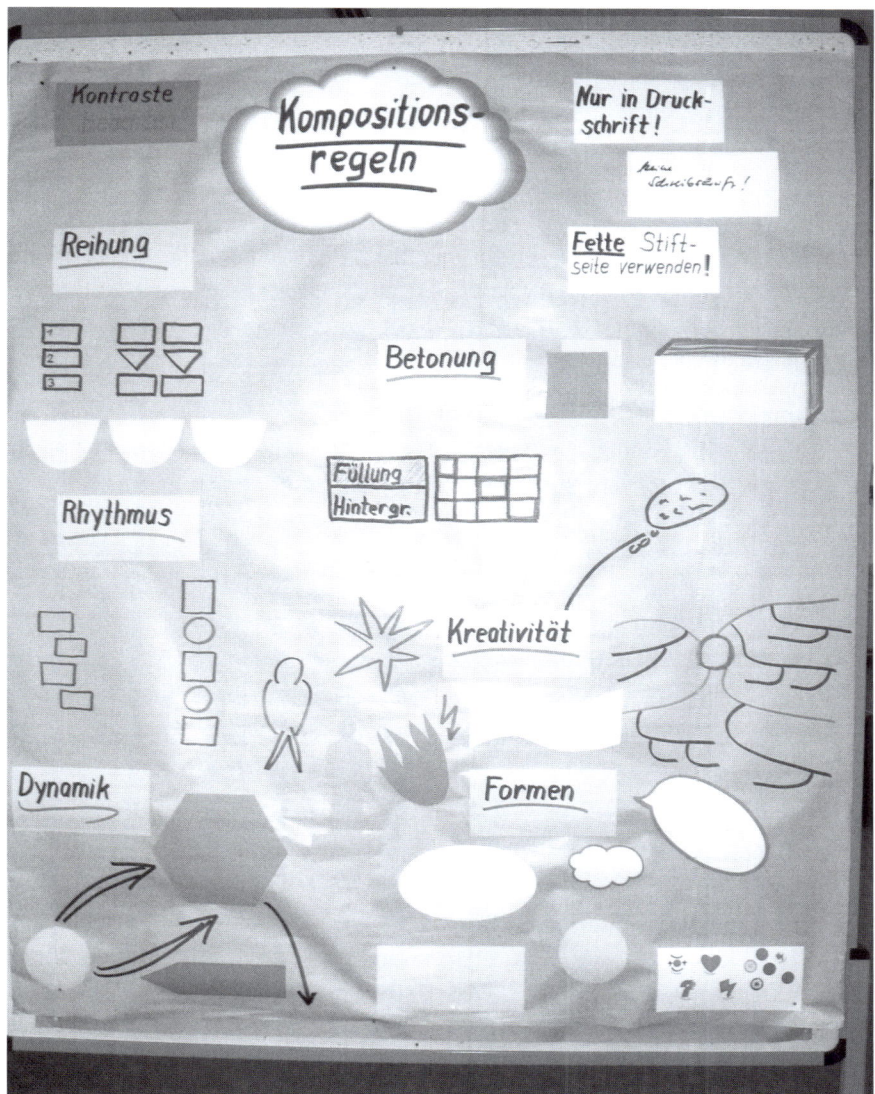

Gestaltungselemente für Visualisierungen auf Pinnwänden

Situationsbezogene Aufgabe

Versetzen Sie sich in die Situation der Führungskraft zum Fallbeispiel auf Seite 13!

Sie laden für eine zweistündige Arbeitssitzung zwei Person aus der Verwaltung/dem Vertrieb, vier Personen aus der Produktion und drei Personen aus der Montage ein. Ziel Ihrer Arbeitssitzung ist es, mit Hilfe der Moderationsmethode eine Ursachenanalyse durchzuführen und mögliche Lösungsansätze zu erarbeiten.

> Planen Sie die Moderationssitzung möglichst konkret durch. Berücksichtigen Sie dabei alle wesentlichen Elemente einer Moderationssequenz gemäß der Abbildung „Das Rad der Moderation".

4.2.5 SWOT-Analyse

SWOT-Analyse

Die SWOT-Analyse ist ursprünglich ein Instrument des strategischen Managements. Dabei geht es darum, eine aussagekräftige Aufstellung aller Stärken und Schwächen zu erreichen. Der Begriff „SWOT" leitet sich dabei aus den nachfolgenden vier englischen Begriffen ab:

- **S**trengths (Stärken)
  Fähigkeiten und Situationen, die einen wesentlichen Wettbewerbsvorteil erzeugen bzw. die besondere Stärken und Verhaltensweisen kennzeichnen.

- **W**eaknesses (Schwächen)
  Mängel und Unzulänglichkeiten, die es verhindern können, die angestrebten Lösungsansätze und Ziele umzusetzen.

- **O**pportunities (Chancen)
  Möglichkeiten, Trends, Ideen und Lösungsansätze, die für das Unternehmen oder für die Aufgabenstellung nutzbar gemacht werden können.

- **T**hreats (Risiken/Hindernisse)
  Einflüsse und Ereignisse, die selbst kaum oder nicht kontrolliert werden können, aber berücksichtigt und im Bedarfsfall gelöst oder beeinflusst werden müssen.

Die SWOT-Analyse ist eine Möglichkeit, um komplexe Problemlösungs- oder Ideenfindungszusammenhänge übersichtlich darzustellen.

Es ist ein einfaches Werkzeug zur Untersuchung spezieller Fragestellungen in einem Betrieb, so z. B. zu den Verbesserungen einzelner Prozesse, Produkte, Teams oder anderer Problemstellungen.

Einzel- und Gruppenarbeit

Die SWOT-Analyse kann eine Einzelperson für sich allein durchführen, oder sie kaum als Gruppenarbeit (Workshop/**Moderation**) durchgeführt werden. Die Erfahrungen in der Praxis zeigen allerdings deutlich, dass die Vorteile von gruppendynamischen Prozessen unbedingt genutzt werden sollten und zu besseren Ergebnissen führen.

Ein geeignetes Instrument für die Durchführung der SWOT-Analyse ist eine SWOT-Matrix, welche im Kern Fragen darstellt, die darauf abzielen, ein Bild der gegenwärtigen Entwicklungsmöglichkeiten zu entwerfen:

4.2 Ausgewählte Methoden zur Ideenfindung

Stärken (Strengths)	Chancen (Oportunities)
Schwächen (Weaknesses)	Risiken (Threats)

SWOT-Analyse-Matrix

Situationsbezogene Aufgabe

Die Fortbildung zum/zur „Geprüften Betriebswirt/-in nach der Handwerksordnung" unterliegt der Notwendigkeit einer ständigen Weiterentwicklung. Diese Situation bezieht sich auf die Inhalte, Prüfungen und auch auf die jeweiligen örtlichen Rahmenbedingungen.

Führen Sie in Kleingruppen von 4 bis 6 Personen eine SWOT-Analyse zu dieser Thematik durch.

4.2.6 Szenario-Technik

Die Szenario-Technik geht zurück in die 50er-Jahre und wurde zunächst für militärische Studien der amerikanischen Regierung entwickelt. Heute ist die Szenario-Technik ein wichtiges Instrument in der strategischen Unternehmensplanung geworden und somit auch ein Instrument im Rahmen des betrieblichen Innovationsmanagements.

Szenario-Technik

Bei der Anwendung der Szenario-Technik geht es um den Entwurf alternativer Zukunftsbilder, die auf verschiedenen Annahmen bezüglich ihrer Rahmenbedingungen und Entwicklungsfaktoren beruhen. Zusammenhänge und Wechselwirkungen werden analysiert und mögliche Lücken mit Kreativität und Fantasie geschlossen. Es werden in der Regel unterschiedliche Grundtypen von Szenarien entwickelt: Extremszenarien (positiv: günstigste Zukunftsentwicklung, negativ: ungünstigste Zukunftsentwicklung) und Trendszenarien (Fortschreibung der heutigen Situation in die Zukunft). Die Grundidee der Szenario-Technik liegt darin, zu versuchen, sich die Vielfältigkeit der Zukunft zu vergegenwärtigen und auf eher unwahrscheinliche Entwicklungen vorbereitet zu sein.

Das Denkmodell hinter der Szenario-Technik kann mithilfe eines Trichters dargestellt werden, um so die Entwicklung von der Gegenwart in die Zukunft sichtbar macht.

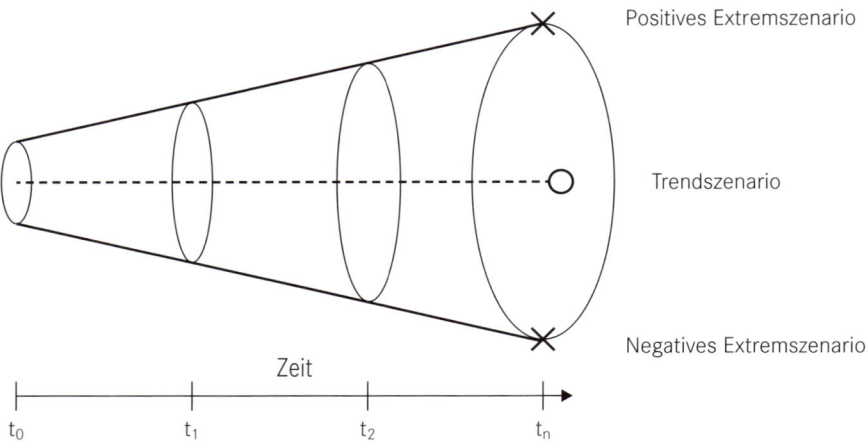

Der Szenario-Trichter

Die Spitze des Trichters stellt die Ausgangssituation dar. Je weiter in die Zukunft gedacht wird, umso größer werden die Ungewissheiten, und die zukünftigen Situationen können nur noch weniger genau erarbeitet und dargestellt werden. Der Trichterdurchmesser in der Darstellung wird mit dem weiteren Blick in die Zukunft immer größer. Mögliche Entwicklungen laufen weiter auseinander. Das **Trendszenario** versucht einen Zukunftsentwurf darzustellen, der dem Entwicklungstrend der Vergangenheit entspricht und somit nahe an der Realität sein kann. Die **Extremszenarien** weichen davon im positiven oder negativen Sinne ab.

Entwicklung eines Szenarios

Die Entwicklung eines Szenarios kann nach den folgenden Schritten verlaufen:

- **Situationsanalyse**
  Der zu untersuchende Sachverhalt wird genau beschrieben und eingegrenzt sowie mit möglichst vielen Fakten bestimmt. Der festgelegte Sachverhalt bildet die Basis der zu entwickelnden Szenarien und muss deshalb möglichst genau beschrieben und mit Fakten belegt werden. Am Ende dieser Phase liegt eine präzise Problembeschreibung vor.

- **Einflussanalyse**
  Hier werden Fakten gesucht und ermittelt, die den Sachverhalt präzise darstellen und möglicherweise beeinflussen. Brainstorming, Moderationssitzungen oder andere Findungsmethoden eigenen sich dafür. Die gefundenen Faktoren werden sortiert und zu Bereichen zusammengefasst.

Wenn alle Einflussbereiche durch die entsprechenden Einflussfaktoren ausreichend beschrieben sind, wird eine Vernetzung durch grafische Verbindungen und symbolische Merkmalen vorgenommen. Es kommt in diesem Arbeitsschritt nicht so sehr auf die Ergebnisse an. Der Prozess der Kommunikation und die gemeinsame geistige Auseinandersetzung über mögliche Zusammenhänge sind wesentlich.

- **Präzise Beschreibung der Einflussfaktoren**
  Im nächsten Schritt müssen alle Einflussbereiche und -faktoren möglichst präzise nach qualitativen und quantitativen Inhalten dargestellt und bewertet werden. Der Fachausdruck dafür ist „Deskriptorenanalyse".

  Beispiel: Aus dem Einflussfaktor „Mitarbeiterkompetenzen" wird „Anteil der Mitarbeiter mit einem Abschluss als ‚Betriebswirt des Handwerks' in Prozent der Gesamtbelegschaft". Diese Deskriptoren können dann bezüglich ihrer zukünftigen Entwicklung analysiert und bewertet werden.

- **Szenarien entwickeln**
  Die bisherigen Schritte und Ergebnisse werden abschließend dazu verwendet, das entsprechende Szenario aufzustellen, und mögliche Konsequenzen sichtbar gemacht. Die Art der Darstellung gefundener Szenarien kann vielfältig sein. Von reinen Textdarstellungen bis zu grafischen Visualisierungen ist alles möglich.

- **Strategien und Maßnahmen zur Problemlösung**
  In dieser letzten Phase der Szenario-Entwicklung geht es darum, aus den entwickelten Zukunftsmöglichkeiten Konsequenzen und Handlungsstrategien abzuleiten. Die Art des Vorgehens dabei hängt von der Thematik und den beteiligten Personen ab.

Der Ablauf bei der Szenario-Technik darf nicht als starre Vorgabe gesehen werden. Zentrale Bedeutung hat die Kommunikation und die intensive gemeinsame Auseinandersetzung mit einer Problemstellung bzw. einer Innovationsidee. Einzelne Phasen können sich überlappen, wiederholen oder sogar ganz entfallen.

Keine starre Vorgaben

Die nachfolgenden Verfahrensweisen, um Ideen und Problemlösungen hervorzubringen, stammen aus der Organisationslehre und sind eher als organisatorische Strukturierungen und Maßnahmen anzusehen und weniger als einzelne kreative Techniken und Instrumente.

4.2.7 Kaizen

Kaizen

Das Konzept stammt aus Japan und wird dort für jegliche Art der Verbesserung im Privatbereich und im Arbeitsleben gebraucht. Es ist fester Bestandteil eines umfassenden Innovationsmanagements. Kaizen und Innovation sind Unternehmensstrategien, die zum Fortschritt und Erfolg eines Unternehmens beitragen.

Dabei ist Kaizen eine permanente, nicht endende Folge von kleinen Verbesserungen aller betrieblichen Elemente unter Einbeziehung aller Mitarbeiter, Führungskräfte und der Geschäftsleitung. Es ist eine veränderte Einstellung, die zum ganzheitlichen Denken im Unternehmen auf allen Ebenen anregen soll. Nach Masaaki Imai (1986) bedeutet Kaizen „(Die) Verbesserung. Mehr noch, es bezeichnet die kontinuierliche Verbesserung, im persönlichen Leben, im häuslichen Leben, im gesellschaftlichen Leben und im Arbeitsleben. Wird Kaizen am Arbeitsplatz praktiziert, bedeutet dies, dass alle Mitarbeiter einbezogen werden, vom Manager bis zum Mitarbeiter".

> **Kai** = Veränderung, Wandel
> **Zen** = zum Besseren, im positiven Sinn
> **Kaizen** = kontinuierliche Verbesserung

Kaizen und Innovationen

Kaizen beruht auf einer anderen Kultur von Verbesserungen und Innovationen. Deshalb unterscheidet Masaaki Imai auch deutlich zwischen dem asiatischen Kaizen und dem westlichen Innovationsmanagement.

In der folgenden Tabelle werden die Unterschiede zwischen Innovation und Kaizen übersichtlich dargestellt.

	Kaizen	Innovation
1. Effekt	langfristig und andauernd, aber undramatisch	kurzfristig, aber dramatisch
2. Tempo	kleine Schritte	große Schritte
3. Zeitlicher Rahmen	kontinuierlich und steigend	unterbrochen und befristet
4. Erfolgschancen	gleichbleibend hoch	abrupt und unbeständig
5. Protagonisten	jeder Firmenangestellte	wenige „Auserwählte"
6. Vorgehensweisen	Kollektivgeist, Gruppenarbeit, Systematik	„Ellenbogenverfahren", individuelle Ideen und Anstrengungen

4.2 Ausgewählte Methoden zur Ideenfindung

	Kaizen	**Innovation**
7. Devise	Erhaltung und Verbesserung	Abbruch und Neuaufbau
8. Erfolgsrezept	konventionelles Know-how und jeweiliger Stand der Technik	technologische Errungenschaften, neue Erfindungen, neue Theorien
9. Praktische Voraussetzungen	kleines Investment, großer Einsatz zur Erhaltung	großes Investment, geringer Einsatz zur Erhaltung
10. Erfolgsorientierung	Menschen	Technik
11. Bewertungskriterien	Leistung und Verfahren für bessere Ergebnisse	Profitresultate
12. Vorteil	hervorragend geeignet für eine langsam ansteigende Wirtschaft	hauptsächlich geeignet für eine rasch ansteigende Wirtschaft

Merkmale von Kaizen und Innovation (nach Imai, Masaaki, 1992, S. 48)

Die genannten Unterschiede klingen bei der ersten Betrachtung sehr hart und endgültig, haben aber im Verlauf der letzten Jahrzehnte stark abgenommen. Es besteht heute grundsätzliche Einigkeit darüber, dass Kaizen und Innovation sich gegenseitig nicht ausschließen, ja sie ergänzen und verstärken die angestrebten Erfolge. Verbesserungen nach Kaizen werden so lange eingesetzt und genutzt, bis keine weiteren Verbesserungen mehr erzielt werden können. Dann ist es an der Zeit, eine größere Innovation zu finden und einzusetzen.

Die Gedanken des Kaizen haben zwischenzeitlich neben dem Nutzen für das Innovationsmanagement auch in anderen Managementmethoden Einzug gehalten, so z. B. bei TQM, Business Reengineering oder Lean Management. Ziel ist es überall, die Verbesserung im Unternehmen auf unterschiedlichen Gebieten zu fördern. Dazu gehört z. B.:

Einsatzgebiete

- Produktinnovationen
- Produktivität
- Qualität
- Arbeitserleichterung
- Verwaltung/Service
- Kosten
- Kundenzufriedenheit
- Arbeitsumfeld.

4. Ablauf des Innovationsmanagements

Kaizen als Weg der kleinen Schritte

War lange Zeit im klassischen Innovationsmanagement der Weg der großen Schritte im Zentrum des Handelns, so hat mit Kaizen der Weg der kleinen Schritte in das Innovationsmanagement Einzug gehalten. Kaizen verläuft weniger spektakulär. Aus kleinen Schritten erfolgen marktnahe Verbesserungen, die dem Unternehmen auf Dauer einen Wettbewerbsvorsprung sichern können.

Bei der Umsetzung von Kaizen müssen unterschiedliche Elemente berücksichtigt werden. Voraussetzung ist eine deutliche Mitarbeiterorientierung und eine entsprechende innovationsfördernde Unternehmenskultur. Verbesserungen und Ideenfindungen müssen nach der Kaizen-Philosophie fester Bestandteil des Arbeitsalltags sein. Grundlagen und Anstöße zur Verbesserung und Innovation kommen also zunächst aufgrund der Rahmenbedingungen aus der Führungsebene, die Ideenfindung und Umsetzungsmöglichkeiten müssen aus dem Kreis der Mitarbeiter kommen.

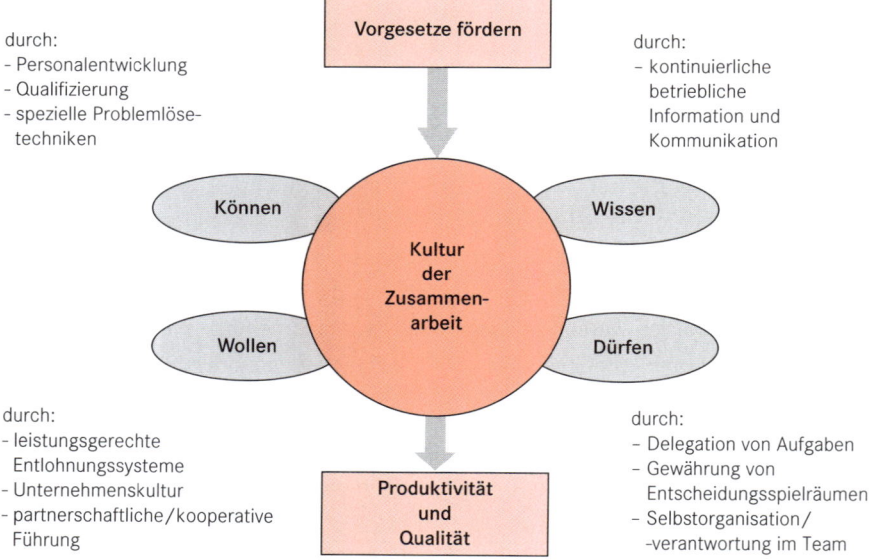

Merkmale einer KVP-fördernden Unternehmenskultur

Umsetzungselemente

Kaizen-Umsetzungselemente

- **Prozessorientierung**

  Häufig wird in den Betrieben allein ergebnisorientiert gedacht. Dies bedeutet, dass nur das Ergebnis der Tätigkeiten zählt. Bei einer prozessorientierten Kultur dagegen werden die Arbeitsprozesse, die zu einem Ergebnis führen sollen, berücksichtigt und analysiert.

4.2 Ausgewählte Methoden zur Ideenfindung

- **Kundenorientierung/-zufriedenheit**
  Das wichtigste Ziel von Kaizen ist die Zufriedenstellung der Kunden. Dafür müssen die Bedürfnisse der Kunden bekannt sein, um die Angebote danach auszurichten. Eng verbunden damit ist die Kundenzufriedenheit. Die schnelle Problemlösung beim Auftreten von Reklamationen steht im Mittelpunkt, um die Zufriedenheit wieder herzustellen und die Bindung an das Unternehmen zu stärken.

- **Mitarbeiterorientierung**
  Ein Unternehmen ist nur dann erfolgreich, wenn die einzelnen Mitarbeiter aller Hierarchieebenen ihre Fähigkeiten in das Unternehmen einbringen (können). Die aktive Beteiligung der Mitarbeiter ermöglicht, die kreativen Potenziale in der alltäglichen Arbeit zu nutzen. Dafür ist es allerdings erforderlich, dass die Delegation von mehr Verantwortung und die Beteiligung an Entscheidungsprozessen umgesetzt und gelebt wird.

- **Mitarbeiterqualifikation**
  Kaizen-orientiert zu denken und zu arbeiten setzt eine entsprechende Qualifikation der Mitarbeiter voraus. Im Rahmen der Personalentwicklung müssen entsprechende Angebote gemacht werden, um Fähigkeiten zu entwickeln, Probleme zu erkennen, zu lösen und die Lösungen umzusetzen.

- **Mitarbeitermotivation**
  Mitarbeiter sind nur dann für Kaizen zu motivieren, wenn auch die Unternehmensführung voll hinter diesem System steht. Die Führungskräfte sind sozusagen der Motivationsmotor für Kaizen. Allerdings gilt auch die Umkehrung: Mitarbeiter müssen nicht nur für Kaizen motiviert werden, sondern Kaizen motiviert aufgrund der Arbeitsweise auch die Mitarbeiter! Eigenständigkeit und Selbstverwirklichung sind Motivatoren, die von entscheidender Bedeutung sind, um hohe Leistungen zu erbringen.

4.2.8 Kontinuierlicher Verbesserungsprozess (KVP)

Die Grundgedanken des Kaizens werden auf unsere europäischen Unternehmen übertragen mithilfe des Systems der „Kontinuierlichen Verbesserung" oder KVP. Die konkreten Überlegungen und Umsetzungsverfahren von KVP kamen in den 80er-Jahren im Rahmen von Kaizen von Japan nach Europa und Deutschland. KVP charakterisiert die stetige Verbesserung der Produkt-, Dienstleistungs-, Prozess- und Servicequalität. Ziel ist es, dass alle Mitarbeiter eigenständig in ihren Abteilungen und Teams an laufenden Verbesserungen (auch kleine Verbesserungen und Problemlösungen) in ihrem Arbeitsbereich und in ihrem Umfeld arbeiten. Die klei-

Kontinuierlicher Verbesserungsprozess (KVP)

4. Ablauf des Innovationsmanagements

nen Verbesserungen jeglicher Art stehen im Vordergrund. Um Erfolge mit dem Konzept KVP zu erzielen, ist es wichtig, diesen Gedanken in die allgemeine Unternehmens- und Führungskultur zu integrieren. Die entsprechenden Rahmenbedingungen (notwendige Arbeitszeit, Weiterbildung, Integration in die Arbeitsabläufe und besonders die **Umsetzung** der gewonnenen Problemlösungen und Ideen) müssen dazu durch die Unternehmensleitung geschaffen werden.

Grundgedanken des KVP

Die KVP-Grundgedanken lassen sich besonders einprägsam mit den zehn KVP-Grundregeln zusammenfassen:

1. Sei bereit, dein herkömmliches Denken aufzugeben.
   Erwartet wird, über das gewohnte Denken hinauszugehen. Wenn etwas kaputt ist, müssen wir es reparieren, so weit klar. Wir wissen, wenn etwas defekt ist, müssen wir es reparieren. Kaizen verlangt aber, Funktionierendes infrage zu stellen und zu sehen, wie wir es noch besser machen können.

2. Denke darüber nach, wie etwas gemacht werden kann, und frage nicht, warum es nicht gemacht werden kann.
   „Das geht nicht!" gibt es nicht! Diese Grundhaltung ist wichtig, um ständige Verbesserungen zu erzielen.

3. Keine Ausreden und Entschuldigungen.
   Für Fehler oder ein Problem gibt es keine Entschuldigungen und keine Beschuldigung von anderen Personen. Vor Ort ist die Ursache zu klären, Initiativen sind zu ergreifen, um Lösungen zu erreichen.

4. Besser eine 50%-Lösung sofort als eine 100%-Lösung nie.
   Das Streben nach schneller Perfektion kann hinderlich sein und ist nicht der richtige Kaizen-Weg. Perfektion wird angestrebt, aber wird selten mit einer Maßnahme erreicht. Die schnell umgesetzten kleinen Verbesserungen sind der richtige Weg.

5. Korrigiere Fehler sofort.
   Wird ein Fehler entdeckt, muss sofort etwas unternommen werden, um den Fehler zu korrigieren. Bei größeren Problemen ist selbstverständlich Hilfe notwendig, aber es muss immer bedacht werden, nichts auf die lange Bank zu schieben oder zunächst umständliche Pläne zu erstellen und Anträge zu formulieren.

6. Suche nach Lösungen, die möglichst wenig kosten.
   Viele gute Lösungen kosten oftmals wenig oder nichts. Zeit für das Problem und Kreativität für die Lösung bewirken oftmals mehr als die sofortige Beschaffung von neuen Geräten. Erst wenn alle Alternativen ausgeschöpft sind, kann über kostenverursachende Maßnahmen nachgedacht werden

7. Die Fähigkeit zu Problemlösungen entwickelt sich erst durch die Probleme selbst. Erst die Auseinandersetzung mit einem vorhandenen Problem fördert den Lernprozess zur Problemlösung und bringt die Erkenntnis, dass mit Initiative und Innovation immer Lösungen möglich sind.

8. Frage mehrmals nach und finde so die wahren Problemursachen heraus.
Der Weg zur Ursache ist der wichtigste Schritt für die Lösung. Oftmals sind keine komplizierten Problemlösewerkzeuge erforderlich, sondern vielmehr die immer wiederkehrende Frage nach dem Warum!

9. Zehn Leute lösen ein Problem besser als ein Spezialist.
Der „Einzelkämpfer" im Betrieb ist heute nicht mehr gefragt. Das bedeutet für Kaizen, nicht die Suche nach dem einzelnen Spezialisten zur Problemlösung ist gefordert, sondern das gemeinsame Nachdenken und die Zusammenarbeit mit Arbeitskollegen zur gemeinsamen Lösung stehen im Mittelpunkt.

10. KVP hat kein Ende!
Verbesserungen sind immer wieder möglich, und ihre Anzahl ist wahrscheinlich unendlich. Kaizen ist somit eine Grundeinstellung, eine Unternehmensphilosophie und endet nie.

Um KVP erfolgreich im Unternehmen einzusetzen, sind Verantwortungen zu verteilen. Eine Schlüsselposition nimmt dabei der **KVP-Koordinator** ein. Die Person, die diese Funktion erfüllt, muss relativ hohe Anforderungen erfüllen. Dazu gehören u. a.:

KVP-Koordinator

- ausgeprägte soziale Kompetenzen z. B. im Umgang mit Menschen, sicheres Auftreten, offen und kommunikativ, gutes (aktives) Zuhören und Konfliktlösefähigkeit
- breit angelegte Fachkompetenz und damit die Fähigkeit, Zusammenhänge von Produkten, Dienstleistungen und Prozessen zu erkennen
- Motivation, die sich darin zeigt, dass die Person einen ausgeprägten Willen zur Selbstentwicklung besitzt, den Verbesserungswillen nach KVP verinnerlicht hat, Freude an der Aufgabe hat und andere Menschen begeistern kann
- Methodenkompetenzen, die sich im Beherrschen zugehöriger Arbeitsmethoden widerspiegelt (Problemlösetechniken, Moderation, Visualisierung, Projektmanagement usw.)

Daraus lassen sich gleichzeitig die vielfältigen Aufgaben im Arbeitsalltag des KVP-Koordinators ableiten. Besonders herauszuheben sind dabei:

Aufgaben des KVP-Koordinators

- Durchführung von KVP-Sitzungen und Unterstützung externer Moderatoren
- Entscheidungen über KVP-Lösungen treffen oder Entscheidungen vorbereiten
- Kosten-Nutzen-Effekte erfassen und berechnen

4. Ablauf des Innovationsmanagements

- Organisation von notwendigen Weiterbildungen
- Zielüberprüfung, ob mit KVP auch das erreicht wird, was vereinbart wurde
- Berichterstattung an die Geschäftsführung
- KVP-Info-Tafel im Betrieb installieren und auf dem aktuellen Stand halten.

Situationsbezogene Aufgabe

Betrachten Sie nochmals die zehn KVP-Grundgedanken ganz genau. Vergleichen Sie diese mit Ihrem eigenen betrieblichen Alltag.

Leitfragen

- Bei welchen Grundsätzen können Sie davon ausgehen, dass diese(r) in Ihrem Betrieb gelebt und umgesetzt werden/wird?
- Bei welchen Grundsätzen können Sie davon ausgehen, dass diese(r) in Ihrem Betrieb **nicht** gelebt und umgesetzt werden/wird?
- Wo sehen Sie die Begründungen dafür?

4.2.9 Qualitätszirkel

Qualitätszirkel

Qualitätszirkel sind ein Instrument zur aktiven Beteiligung von Mitarbeitern in Problemlösungs- und Veränderungsvorhaben. Ihr Einsatz findet häufig im Zusammenhang mit KVP/Kaizen statt, sie können als Bestandteil der KVP-/Kaizen-Philosophie angesehen werden. Sie ermöglichen die aktive Einbeziehung der Kompetenzen der beteiligten Mitarbeiter für die Lösung des Problems bzw. der Ideenfindung. Qualitätszirkel sind moderierte Problemlösungsteams, die im Rahmen der vorgegebenen Ziele und Aufgabenstellungen arbeiten, um Handlungs- oder Umsetzungsempfehlungen für im Betrieb auftretende Probleme zu entwickeln. Besonders bedeutsam bei den Qualitätszirkeln ist die Mitarbeit von Experten aus unterschiedlichen Fachrichtungen und Arbeitsgebieten. Die Zirkelarbeit ist auf die Optimierung, Qualitätssicherung und Problemlösung in verschiedenen Bereichen des Unternehmens ausgerichtet und sollte fest in die Unternehmensorganisation integriert sein und nicht nur auf bestimmte Projekte oder Probleme begrenzt werden. Betriebliche Erfahrungen zeigen, dass die Unterstützung durch einen Moderator bei der Entwicklung bzw. Aufbereitung von Qualitätszirkelthemen von wesentlicher Bedeutung für den Erfolg der Zusammenarbeit innerhalb hierarchie- und bereichsübergreifender Mitarbeitergruppen ist. Die Aufgabe der Moderation liegt in der Steuerung des Problemlösungsprozesses. Sie unterstützt die Mitarbeiter bei der Erarbeitung von Lösungsansätzen. Erarbeitete Ideen oder Ergebnisse werden protokolliert und an die entsprechenden Fachexperten weitergeleitet.

4.2 Ausgewählte Methoden zur Ideenfindung

Erfolgreiche Qualitätszirkelarbeit erfordert zeitliche, inhaltliche und personale Verlässlichkeit und Dauerhaftigkeit. Die Erarbeitung von Problemlösungen geschieht in der Regel in mehreren Schritten, die aufeinander aufbauen.

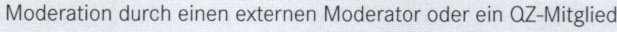

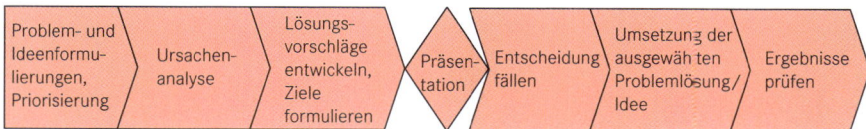

Prozessdarstellung Qualitätszirkelarbeit

1. Phase: Problem- und Ideenformulierung/Priorisierung

Phasen des Qualitätszirkels

Oberste Regel in der Qualitätszirkelarbeit ist die offene und vertrauensvolle Zusammenarbeit. Das bedeutet auch, dass alle beteiligten Personen die Bereitschaft und Fähigkeit zur Problem- und Ideenfindung haben. Das Sammeln und Herausfiltern von Problemen und Ideen geschieht mit Unterstützung unterschiedlicher Findungstechniken, wie z. B. auch Brainstorming, Mindmapping, Moderationsmethode usw. Ein wichtiger Schritt dabei ist die Priorisierung der gefundenen Probleme/Ideen nach unterschiedlichen Dringlichkeitskriterien, wie z. B. schneller Umsetzung, Kostenersparnis, Qualitätsaspekten, sozialer Bedeutung usw. Die abgestimmte Priorisierung ist Voraussetzung für die Weiterarbeit.

2. Phase: Ursachenanalyse

Probleme und Ideen zur Veränderung haben häufig unterschiedliche Ursachen und Begründungen. Ein systematisches Vorgehen bei der Ursachenanalyse verdeutlicht häufig schon einen möglichen Weg der Lösung und Umsetzung.

3. Phase: Lösungsmöglichkeiten entwickeln

Die Erarbeitung von Lösungen ist die zentrale Aufgabe der Mitglieder des Qualitätszirkels. Hier können alle Beteiligten ihre Kompetenzen einbringen und einen wichtigen Anteil zum Ganzen liefern. Am Ende dieses Prozesselements steht eine Vielzahl von Varianten, die nun in einem nächsten Schritt verdichtet und letztlich zur Entscheidung gebracht werden müssen.

Dafür ist es zwingend erforderlich, dass dieser Entscheidungsprozess mit Zustimmung der Unternehmensführung durchgeführt wird. Die Präsentation der Lösungsvarianten durch die Mitglieder des Qualitätszirkels ist dafür die beste Voraussetzung.

4. Phase: Sich entscheiden

Die Entscheidung für eine Lösungsvariante hängt in der Regel von vielfältigen betriebsinternen oder -externen Faktoren ab. Im Rahmen einer gemeinsamen Sitzung mit dem Management/dem Vorgesetzen kann im Rahmen der Präsentation nach unterschiedlichen Kriterien und Nutzenmerkmalen die Entscheidung für eine Variante vorbereitet werden. Mögliche Merkmale für die Entscheidungsvorbereitung können nach dem „ETHOS-Prinzip" herangezogen werden.

E	=	economical	wirtschaftlich
T	=	technical	technisch
H	=	human	menschlich
O	=	organizational	organisatorisch
S	=	social	sozial, gesellschaftlich

5. Umsetzung der ausgewählten Problemlösung/Idee

In dieser Phase wird die Umsetzung geplant und durchgeführt. Oftmals werden dazu zusätzliche Experten herangezogen und die betroffenen Mitarbeiter eingewiesen. Dabei müssen die vereinbarten Ziele konkretisiert und mit zugehörigen Maßnahmen festgelegt werden.

6. Ergebnisse prüfen

Ein häufig vernachlässigtes Element der Problemlösung und Ideenumsetzung im Rahmen der Qualitätszirkelarbeit ist die Überprüfung der Ergebnisse unter dem Aspekt der Wirkung und Nutzung. Je nach Lösungsansatz stehen dabei betriebswirtschaftliche Überprüfungsverfahren oder eher kommunikative Verfahren im Mittelpunkt.

Ein offener Erfahrungsaustausch kann sich nur in einer Atmosphäre von Verlässlichkeit und Vertrauen entwickeln. Problemlösungen und Ideenentwicklungen mithilfe eines Qualitätszirkels kann somit nur gelingen, wenn die Vorgesetzten sich ebenfalls verpflichten, die Umsetzung der Verbesserungsvorschläge, Problemlösungen oder Ideenfindungen auf unternehmerischer Ebene weiter zu verfolgen, zu steuern und bei Bedarf umzusetzen.

4.2 Ausgewählte Methoden zur Ideenfindung

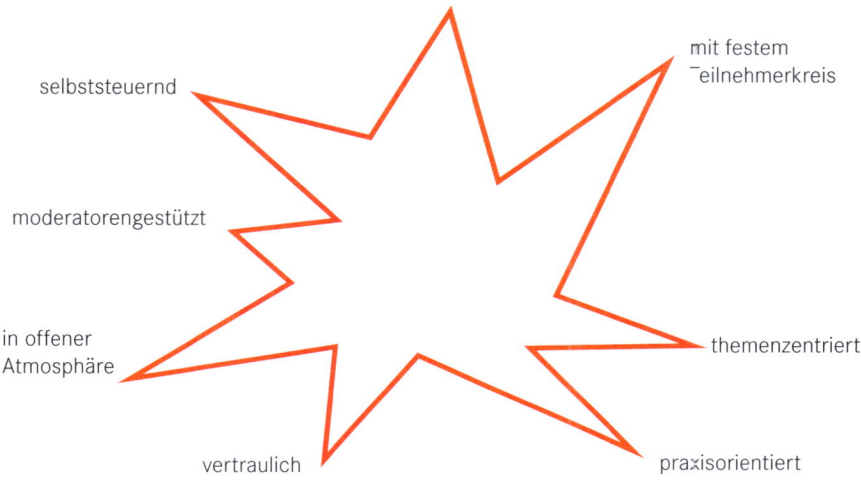

Arbeitsweise von Qualitätszirkeln

Weitere Methoden, die hier aber nicht weiter behandelt werden, können einen Beitrag zur Ideenfindung liefern:

- Mitarbeitergespräche
- Beschwerdemanagement
- Fehlerkultur
- Kundengespräche/-umfragen.

Zahlen und Fakten

DIB Report 2012: Mitarbeiter so kreativ wie nie!

Laut dib-Report erreichte die Anzahl der eingereichten Verbesserungsvorschläge im Jahr 2011 mit 1,4 Millionen einen neuen Höchststand (2010: 1,2 Millionen). Der durchschnittliche Nutzen pro Mitarbeiter erhöhte sich auf 829,- € gegenüber 676,- € im Jahr 2010. „Der Anstieg bei den eingereichten Verbesserungsvorschlägen zeigt, dass es den Unternehmen gelingt, die Mitarbeiter in betriebliche Innovationsprozesse noch stärker einzubinden und ihre Ressourcen noch intensiver zu nutzen", sagt Sarah Dittrich, Leiterin Ideen- und Innovationsmanagement am dib.

(Quelle: dib-Report 2012, veröffentlicht: Dekra e.V. Presse und Information, Frankfurt, 9. Mai 2012)

4.2.10 Interne Audits

Interne Audits

Alle maßgeblichen Qualitätsmanagementsysteme schreiben im Rahmen ihrer Normung vor, dass im Unternehmen interne Audits durchzuführen sind. Die zwei Leitfragen, die dahinterstehen, lauten:

- Entsprechen die Prozesse den vorgeschriebenen QM-Dokumenten?
- Gibt es Problemfelder bzw. Ansätze zur Verbesserung und Optimierung?

Gerade die zweite Frage kann von Nutzen sein, wenn es darum geht, Ideen, Verbesserungen und Innovationen aufzudecken und zur Lösung zu bringen. So betrachtet sind interne Audits wiederum Teilbereiche der Kaizen-/KVP-Kultur.

Speziell interne Audits werden als ein leistungsfähiges Instrument des kontinuierlichen Verbesserungsprozesses (KVP) innerhalb eines modernen Qualitätsmanagements gesehen.

Allgemein ist ein Audit ein systematischer, unabhängiger und dokumentierter Prozess zur Erlangung von Nachweisen für erbrachte Arbeiten und zu deren objektiver Auswertung. Dabei soll ermittelt werden, inwieweit die vorgegebene Auditkriterien, die in Normen oder auch Gesetzen vorgeschrieben sind, erfüllt werden. Das Hauptziel eines internen Audits liegt in der Suche nach dem Verbesserungspotenzial zur Weiterentwicklung des Managementsystems und der Arbeits- bzw. Dienstleistungsprozesse.

Durchführung von Audits

Zur systematischen Durchführung von Audits sind Regeln gesetzt, die das gesamte Verfahren nach vorgegebenen Standards dokumentiert. Dazu gehört auch, dass das Audit selbst in einer Prozessbeschreibung dokumentiert wird.

Die Verfahrensart, wie Audits organisiert und durchgeführt werden, ist im Grundsatz reglementiert, lässt sich aber je nach Unternehmen und Auditziel variieren.

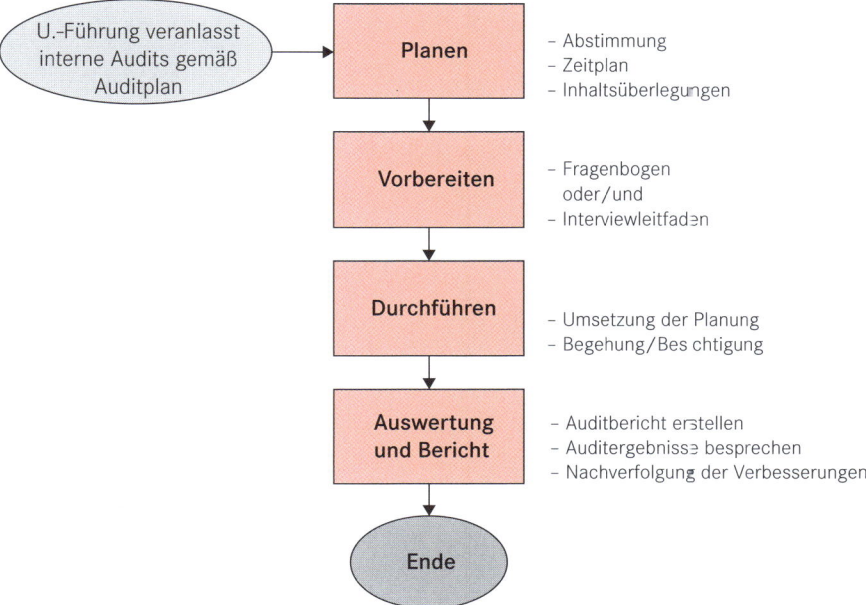

Interne Audits planen und durchführen

4.3 Ideenauswahl und -bewertung

Bei der Ideenauswahl geht es darum, Entscheidungen darüber zu treffen, welche Innovationen und Lösungsansätze weiter verfolgt werden, um finanzielle und personelle Ressourcen sachgerecht einzusetzen. Marktfähigkeit, Umsetzbarkeit und Wirtschaftlichkeit bilden somit zentrale Entscheidungsgrundlagen. Instrumente aus der Betriebswirtschaftslehre bieten dafür die Voraussetzungen (z. B. Marktanalysen und Amortisationsrechnungen, Nutzwertanalyse). Bei der eigentlichen Auswahl einer Innovation geht es letztlich um ein Abwägen von Vor- und Nachteilen und um die Überprüfung, ob die Innovation im Unternehmen umgesetzt werden kann. Das methodische Repertoire für diesen Arbeitsschritt speist sich teilweise aus den Einzelmethoden des Abschnitts 4.2. Zusätzlich können dafür die Leitfragen aus der nachfolgenden Übersicht eine Orientierungshilfe darstellen. Die gefundene Auswahlentscheidung ist dann die Basis für die Umsetzung der Innovation in marktreife Dienstleistungen, Produkte oder Struktur- und Prozessveränderungen.

Ideenauswahl

4. Ablauf des Innovationsmanagements

Leitfragen zur Auswahl von Innovationen

Unternehmensexterne Fragen
• Ist das notwendige Kundenpotenzial zu erwarten? • Entsteht ein Nutzen für den Kunden? • Wie kann die Innovation geschützt werden? • Verändert sich die Marktposition des Unternehmens durch die Innovation? • Welche Imageauswirkungen hat die Innovation auf das Unternehmen? • Welche Marktrisiken gibt es?
Unternehmensinterne Fragen
• Ist die Innovation mit der Unternehmenskultur vereinbar? • Ist die Innovation mit der Unternehmensstrategie und den Zielen vereinbar? • Passt die Innovation in das Unternehmensportfolio? • Müssen organisatorische Voraussetzungen geklärt werden? • Sind die Auswirkungen auf die personellen und finanziellen Ressourcen geklärt? • Ist die technische Machbarkeit geklärt?

Leitfragen zur Auswahl von Innovationen (in Anlehnung an: Offensive Mittelstand – Gut für Deutschland [Hrsg.]: Unternehmensführung für den Mittelstand. 2012)

4.4 Umsetzung der Idee/Innovation

Für die Markt- bzw. Prozessumsetzung und -einführung ist es wichtig, den gesamten Innovationsprozess zu überwachen und über eine positive Fehlerkultur schon frühzeitig mögliche Fehler zu erfassen und durch entsprechende Maßnahmen abzubauen.

Umsetzung einer Innovation

In der betrieblichen Praxis ist häufig die Situation zu erleben, dass an Ideenfindungs- oder Problemlösungsarbeiten im Rahmen von Projektarbeiten euphorisch herangegangen wird. Neue Aufgaben motivieren, erlauben eine kreative Arbeitsphase und geben Möglichkeiten, die eigenen Fähigkeiten außerhalb der Alltagsroutine voll einzubringen. Wenn allerdings die erste Euphorie vorüber ist und die „harte" Arbeit der Innovations- und Problemlösungsarbeit und -umsetzung ansteht, wird häufig nicht mehr so stark ziel- und ergebnisorientiert gearbeitet, oder der gesamte Prozess kommt ins Stocken und wird sogar abgebrochen. Gleiche Praxiserlebnisse sind im Rahmen der kontinuierlichen Verbesserung oder auch bei der Qualitätszirkelarbeit nachvollziehbar.

In dieser Phase der Innovationsumsetzung werden häufig die Instrumente des Projektmanagements genutzt. Es geht darum, ausgewählte Problemlösungsansätze oder Innovationen in die Realität umzusetzen.

4.4 Umsetzung der Idee/Innovation

4.4.1 Der PDCA-Zyklus als Umsetzungs- und Kontrollhilfe

Besonders hilfreich ist dabei die Orientierung am PDCA-Zyklus oder Deming-Regelkreis (William Edwards Deming, 1900 bis 1993, amerikanischer Statistiker, der maßgeblich das heutige Qualitätsmanagement beeinflusst hat).

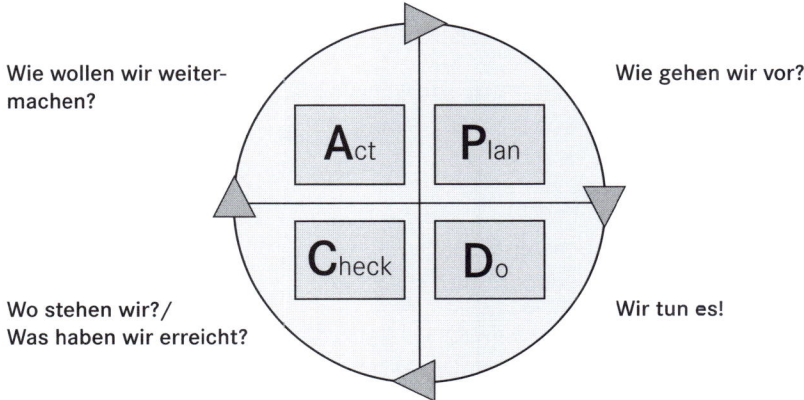

Der PDCA-Zyklus im Projektmanagement

Der PDCA-Regelkreis ist ein Werkzeug, das in allen Bereichen des Betriebes und auf allen Hierarchieebenen angewendet werden kann. Hintergrund ist das Ziel, ein Anwendungs- und Erklärungsmodell zu nutzen, um kontinuierliche Verbesserungen oder Lösungsansätze für Probleme und Innovationen erfolgreich umzusetzen.

PDCA-Regelkreis

Die vier Schritte bzw. Phasen des PDCA-Regelkreises:

1. **P**lan (Planen)
   Detaillierte Analyse der Ist-Situation auf der Grundlage gewonnener Daten.

2. **D**o (Ausführen)
   Die Umsetzungen der Planungen in die betriebliche Praxis unter Einbeziehung der betroffenen Mitarbeiter.

3. **C**heck (Überprüfen)
   Überprüfung der umgesetzten Ideen/Verbesserungen/Lösungen, ob die Zielsetzungen aus der Planungsphase erreicht wurden.

4. **A**ct (Verbessern)
   Wenn Abweichungen von den gesetzten Zielen vorhanden sind, dann nochmalige Umsetzung (Do) und Überprüfung (Check). Wenn eine Übereinstimmung von Soll- und Ist-Zustand erreicht ist, kann das Ergebnis in den Betriebsalltag übernommen werden.

4. Ablauf des Innovationsmanagements

Systematische Umsetzung

Die Arbeit im PDCA-Regelkreis führt zu einer systematischen Umsetzung und bewahrt dadurch vor unübersichtlichen und wenig nachvollziehbaren Arbeitsweisen, die möglicherweise Fehler erzeugen oder unnötige Kosten hervorrufen. Dabei lässt sich das Denken und Handeln nach dem PDCA-Regelkreis einfach in die Grundregeln des Projektmanagements integrieren.

4.4.2 Projektmanagement als Umsetzungsinstrument

Ein **Projekt** ist ein Vorhaben, das im Wesentlichen durch Einmaligkeit der Bedingungen in seiner Gesamtheit gekennzeichnet ist, wie z. B.:

- Zielvorgabe
- zeitliche, finanzielle, personelle oder andere Begrenzungen
- Abgrenzung gegenüber anderen Vorhaben
- projektspezifische Organisation.

Projektmanagement

Projektmanagement ist dagegen die Gesamtheit von Führungsaufgaben, -organisation, -techniken und -mitteln für die Abwicklung eines Projektes. Diese Erklärung stammt aus der DIN 69901 „Projektmanagement – Projektmanagementsysteme" und spiegelt gut den Unterschied und die Prinzipien der beiden Begriffe wider. Sieht man die Umsetzungsarbeit für neue Ideen und Problemlösungen unter dem Aspekt eines Projektes, dann lassen sich einzelne Arbeitsschritte genau in die Strukturen der drei Phasen eines Projektablaufs integrieren.

P.-Definition	P.-Durchführung	P.-Abschluss
Analyse der Ausgangslage	Weiterführung der Feinplanung	Endabnahme der Projektergebnisse
Zielklärung	Aufgaben strukturieren und Aufträge vergeben	Entlastung und Auflösung der Projektorganisation
Rahmen und Voraussetzungen klären	Aktivitäten koordinieren und zeitlich planen	Nachkalkulation
Grobplanung		Evaluation der Projektergebnisse
Projektorganisation	Aufgaben und Rollen im Projektteam klären	Wirkung und Nutzen finden
Feinplanung		
Projektvereinbarung/ Vertragsmanagement	Projektdokumentation und -kommunikation	Nachsteuerung
	Projektcontrolling	

Dreiphasiges Projektmanagement als Prozessmodell

In der Phase der **Projektdefinition** stehen der mögliche Projektgegenstand und das Projektumfeld im Zentrum. Die ersten Grobplanungen schlagen sich im Projektstrukturplan nieder. Dabei werden je nach Größe und Komplexität Teilprojekte, Meilensteine und Arbeitspakete definiert. Die Projektorganisation wird maßgeblich von der frühzeitigen Klärung der Rollen, Gremien und Entscheidungsbefugnissen geprägt. Zum Ende der Projektdefinition setzt dann die Feinplanung ein, die sich hauptsächlich auf den Projektstrukturplan stützt.

In der **Projektdurchführung** wird die Feinplanung kontinuierlich verbessert und angepasst. Soll-Ist-Vergleiche werden im Rahmen des Controllings durchgeführt, um mögliche Abweichungen frühzeitig zu erkennen und gegebenenfalls Gegenmaßnahmen einzuleiten. Das Berichts- und Dokumentationswesen nimmt eine herausragende Rolle ein, um Risiken, Abweichungen, Zielerreichungsgrade, aber auch Erfolge sichtbar zu machen. Über die ganze Durchführungsphase ist die Professionalität der Teamentwicklung und Teamarbeit ein maßgeblicher Erfolgsfaktor.

Zum **Projektabschluss** trägt der Projektleiter die Verantwortung dafür, dass die Projektziele und -ergebnisse erreicht wurden und die vereinbarten Qualitäten vorliegen. Mit der Auflösung der Projektorganisation ist eine wertschätzende Rückmeldung an die Teammitglieder erforderlich, um die Motivation für weitere Projekte aufrechtzuerhalten.

Neben der Nachkalkulation ist besonders die Untersuchung des Nutzens und der Wirkung der Projektergebnisse wichtig. Mit dieser Arbeit wird auch wieder der PDCA-Zyklus als vollständiger Regelkreis berücksichtigt.

4.4.3 Abschließende Erfolgsmessung der Innovationsumsetzung

Nachdem die Entwicklung einer Innovation in ein marktfähiges Produkt/eine Dienstleistung oder Ähnliches abgeschlossen ist, steht der Einführung nichts mehr im Wege. Je nach Situation müssen Rahmenbedingungen angepasst und Mitarbeiterqualifikationen durchgeführt werden. Kundeninformationen und Veröffentlichungen über unterschiedliche betriebsinterne und -externe Quellen gehören genauso dazu wie die Rückmeldung über den Erfolg an alle Beteiligten. Um den Erfolg einer Veränderung sichtbar zu machen, sind der Grad der Verbreitung, der Grad der Verwirklichung und die Verankerung des angestrebten Soll-Konzepts bei den Mitarbeitern entscheidend. In Anlehnung an Reiß lässt sich die Erfolgsbemessungsgrundlage wie folgt darstellen:

4. Ablauf des Innovationsmanagements

Erfolgsbemessungsgrundlage (in Anlehnung an Reiß, M., 2009, S. 661)

Der Grad der **Verwirklichung** lässt sich an der **Ganzheitlichkeit** und der **Umsetzung** messen. Bei der Ganzheitlichkeit geht es darum, wie viel und was vom Konzept umgesetzt werden konnte. Bei der Umsetzungsfrage geht es darum, ob die Konzeption wie geplant umgesetzt wurde oder/und welche Veränderungen und Modifikationen notwendig waren.

Der **Verbreitungsgrad** gibt Auskunft darüber, wie viele Betroffen für den Veränderungsprozess im Ergebnis gewonnen werden konnten.

Damit eng verbunden ist der **Verankerungsgrad**. Er kann bemessen werden an der Akzeptanz von eingeführten Innovationen und Veränderungen.

Neben den genannten Faktoren spielen die Kosten und die Geschwindigkeit eine erhebliche Rolle. Dauert der Prozess vom Start der Veränderung bis zur marktreifen Einführung zu lange, dann verpufft die Wirkung, und das Ziel ist verfehlt.

Gleiches gilt für den Faktor Kosten. Weichen die Ist-Kosten am Ende des Veränderungsprozesses erheblich nach oben von den geplanten Soll-Kosten ab, kann auch nicht von einer erfolgreichen Veränderung/Innovation gesprochen werden.

Abschließend können die nachfolgenden fünf wichtigen Tipps für erfolgreiche Innovationen hilfreich sein, den gesamten Prozess nochmals zusammenzufassen.

4.4 Umsetzung der Idee/Innovation

Fünf wichtige Tipps für erfolgreiche Innovationen

1. Holen Sie sich Anregungen von außen! Achten Sie auf Reaktionen von Kunden und Zulieferern, oder vergleichen Sie Ihr Unternehmen, Ihre Produkte und Dienstleistungen mit anderen.

2. Schaffen Sie Freiräume! Geben Sie den Beschäftigten den Raum und die Zeit, um Ideen zu finden und weiterzuentwickeln.

3. Schaffen Sie ein vertrauensvolles Betriebsklima, damit die Beschäftigten offen über Fehler sprechen, nur so werden Potenziale sichtbar.

4. Die Lösung steht im Vordergrund. Denken Sie nicht über die Probleme und ihre Entstehung nach, sondern über Lösungen.

5. Binden Sie die Mitarbeiter in den Innovationsprozess mit ein. Die Motivation wird deutlich gesteigert, wenn man sieht, was aus einer Idee entsteht.

Tipps für erfolgreiche Innovationen (entnommen: Offensive Mittelstand – Gut für Deutschland [Hrsg.]: Unternehmensführung für den Mittelstand. 2012, S. 189)

Tipps für erfolgreiche Innovationen

Situationsbezogene Aufgabe

Für das Fallbeispiel auf Seite 13 haben Sie eine konkrete Lösungsidee erarbeitet. Die Geschäftsleitung unterstützt Ihre Idee für die Innovation/Veränderung und bittet Sie, eine Projektplanung zu erarbeiten und anschließend der Geschäftsleitung zu präsentieren.

Ihre Zielidee besteht darin, eine für einen Handwerksbetrieb angemessene Vertriebsstruktur aufzubauen, um den Absatz zu sichern und möglichst auszubauen, die Kundenbindung zu festigen und die Kundenzufriedenheit zu erhöhen durch frühzeitige „Warnsignale" aus dem Kundenbereich. Personell wurde Ihnen eine zusätzliche Vertriebsfachkraft zugesagt. Sie wollen aber auch zwei ausgewählte Montageteams (je drei Personen) und zwei Personen aus der Produktion speziell mit einbinden. In einem ersten Schritt soll die Umsetzung im Sinne eines 18-monatigen Projekts erprobt werden. Dazu ist eine Projektplanung erforderlich, die auch den PDCA-Regelkreis berücksichtigt.

Stellen Sie notwendige Planungsschritte und Maßnahmen zusammen und konzipieren Sie einen entsprechenden Zeitplan.

5. Betriebswirtschaftliche Problemstellungen in eine Projektarbeit umsetzen

5.1 Bedeutung und rechtliche Rahmenbedingungen

Von Führungskräften im mittleren und gehobenen Management und von selbstständigen Unternehmern werden umfassende Kompetenzen und persönliche Eigenschaften erwartet. Dazu gehören u. a.:

- fachliches und formales Wissen
- Initiative, Leistungswille, Vertrauen
- unternehmerisches Führungswissen
- Bereitschaft zur ständigen Veränderung und Weiterentwicklung
- Umsetzungsstrategien für neue Ideen und Innovationen
- Fähigkeiten zur ganzheitlichen und selbstständigen Problemlösung
- Fähigkeiten, Texte sachlich richtig und wissenschaftlich korrekt zu schreiben
- Fähigkeiten zur Darstellung von Sachen und Personen (Präsentationskompetenz).

Im Rahmen der Weiterbildung zum/zur „Geprüften Betriebswirt/-in nach der Handwerksordnung" werden diese Fähigkeiten gefördert und vermittelt. Ein wesentlicher Aspekt dabei ist es, die eigenständige und kreative Denk- und Arbeitsleistung zu unterstützen. Dazu eignen sich im Rahmen der Fortbildung unterschiedliche handlungsorientierte Formen der Lehr-/Lerngestaltung. Ein besonders herausragender Ansatz ist die schriftliche Anfertigung einer Projektarbeit nach den Grundsätzen wissenschaftlich orientierter Arbeitsformen, einschließlich der Präsentation von Arbeitsergebnissen, und die fachliche Auseinandersetzung mit den Inhalten in einem Fachgespräch. Mit dem Konzept der Projektarbeit wird die Fähigkeit zur selbstständigen Lösung ganzheitlicher betrieblicher Problemstellungen gefördert und somit eine wesentliche Anforderung an Führungskräfte erfüllt.

Projektarbeit

Bei genauerer Betrachtung werden mit der Projektarbeit **zwei Ziele** verfolgt:

Ziele der Projektarbeit

- Die Teilnehmer sollen eine praxisorientierte Problemstellung selbstständig bearbeiten, sodass am Ende ein nach Möglichkeit fertiges, vorzeigbares Ergebnis (Produkt, Dienstleistung, Verfahrensweise, Prozess o. Ä.) entsteht.

- Die Teilnehmer erlernen durch die Projektarbeit wichtige fachübergreifende Fähigkeiten, wie z. B. Eigenverantwortung, selbstständiges Denken und Handeln, strukturierte Herangehensweisen an Problemlösungen und Ideenumsetzungen, Grundlagen des wissenschaftlichen Arbeitens und soziale Kompetenzen.

5. Betriebswirtschaftliche Problemstellungen in eine Projektarbeit umsetzen

Diese Ziele und die daraus abzuleitenden Anforderungen lassen sich aus den Vorgaben der Prüfungsordnung ableiten (Bundesgesetzblatt Teil I Nr. 13, Jg. 2011):

Rechtliche Grundlagen

§ 7 Inhalte des Prüfungsteils „Innovationsmanagement"

Im Prüfungsteil „Innovationsmanagement" soll eine komplexe betriebswirtschaftliche Problemstellung eines Unternehmens mit betrieblicher Relevanz dargestellt, beurteilt und mit einem Lösungsentwurf erarbeitet und präsentiert werden. Die Bezüge zur Unternehmensstrategie, die Auswirkungen auf die operative Unternehmensführung haben und einen Innovationsbedarf zur Umsetzung einer Unternehmensstrategie beinhalten, sind darzustellen. Die Themenstellung ist entsprechend § 11 zu entwickeln.

§ 11 Durchführung der Prüfung im Prüfungsteil „Innovationsmanagement"

(1) Das Thema der Projektarbeit wird vom Prüfungsausschuss vorgegeben. Vorschläge des Prüfungsteilnehmers oder der Prüfungsteilnehmerin können berücksichtigt werden. Der Prüfungsausschuss soll den Umfang der Arbeit begrenzen. Die Projektarbeit ist schriftlich anzufertigen. Die Bearbeitungszeit beträgt 30 Kalendertage.

(2) In der Präsentation sollen die Ergebnisse der Projektarbeit dargestellt und begründet werden. Im Fachgespräch werden anknüpfend an die Präsentation vertiefende oder erweiternde Fragestellungen aus Aufgabenbereichen nach § 1 Absatz 2 geprüft. Dabei soll auch nachgewiesen werden, dass für Führungsaufgaben angemessen argumentiert und kommuniziert werden kann. Präsentation und Fachgespräch sollen insgesamt nicht länger als 45 Minuten dauern, die Präsentation in der Regel nicht länger als 15 Minuten.

(3) Präsentation und Fachgespräch sind nur durchzuführen, wenn die Projektarbeit mindestens als ausreichende Leistung bewertet wurde.

(4) Die Gesamtbewertung der schriftlichen Prüfungsleistung (Projektarbeit) und der mündlichen Prüfungsleistung (Präsentation und Fachgespräch) wird aus dem arithmetischen Mittel gebildet.

5.2 Eckpunkte für die Anfertigung einer Projektarbeit

Die nachfolgende Abbildung zeigt an einzelnen Begriffen des § 7 der Prüfungsordnung, welche Bedeutung das für die Bearbeitung einer Projektarbeit hat.

Im Prüfungsteil „Innovationsmanagement" soll eine komplexe *(Problemstellung)* betriebswirtschaftliche Problemstellung eines Unternehmens *(Themenauswahl)* *(Zielsetzung)* mit betrieblicher Relevanz dargestellt, beurteilt und mit einem *(praktischer Bezugsrahmen)* *(theoretischer Bezugsrahmen)* *(„leserführende" Schreibtechnik)* Lösungsentwurf erarbeitet und präsentiert werden. *(Gliederung)* *(eigenständige Leistung)* *(Quellenrecherche)* *(praktischer Bezugsrahmen)*

Die Bezüge zur Unternehmensstrategie, die Auswirkungen auf die operative Unternehmensführung haben und einen Innovationsbedarf zur Umsetzung einer Unternehmensstrategie beinhalten, sind darzustellen. Die Themenstellung ist entsprechend § 11 zu entwickeln.

Aussagen des § 7 der Prüfungsordnung für den „Geprüften Betriebswirt nach der Handwerksordnung" (Bundesgesetzblatt Teil I Nr. 13, Jg. 2011) und die Bedeutung für die Anfertigung der Projektarbeit

- **Themenauswahl**

  Im Rahmen der Projektarbeit werden betriebliche Themenstellungen aufgegriffen und mit den Instrumenten der Problemlösung und des Innovationsmanagements bearbeitet. Schon in dieser Phase werden die Vorentscheidungen dafür getroffen, welchem fachlichen Bereich die spätere Arbeit zugeordnet werden kann. Die gewählte Themenformulierung steckt den Frage- und Arbeitsraum ab, in dem sich die Projektarbeit bewegt und den sie inhaltlich abdeckt. Dabei ist die Themenformulierung so präzise einzugrenzen und zu gestalten, dass erkennbar wird, dass in der Projektarbeit im zur Verfügung stehenden Zeit- und Anforderungsrahmen alles Notwendige abgehandelt werden kann. Genau hier liegt ein häufiger Fehler bei der Themenfindung und -auswahl. Der Projektbearbeiter muss sich darüber im Klaren sein, dass die zeitliche Begrenzung, die äußeren Rahmenbedingungen und die betrieblichen Möglichkeiten einschränkend wirken und dadurch nur Ideen und Problemstellungen bis zu einer bestimmten Tiefe und Breite bearbeitet werden können. Diese Eingrenzung wirkt sich selbstverständlich schon auf die Themenformulierung aus.

Anfertigung einer Projektarbeit

- **Praktischer Bezugsrahmen**
  Die Projektarbeit soll keine Darstellung von theoretischen Zusammenhängen sein, sondern soll betriebspraktische Problemstellungen/Ideen aufgreifen und zur Lösungsreife bearbeiten (= Problemstellung eines Unternehmens mit betrieblicher Relevanz). Allerdings bedeutet diese Zielrichtung nicht, dass theoretische Bezüge und Hintergründe nicht berücksichtigt werden müssen. Für die Themenfindung ist es also hilfreich, die betriebliche Alltagssituation analytisch zu beobachten (mit „offenen" Augen durch den Betrieb zu gehen) und daraus mögliche Problemstellungen und Ideen mithilfe der Instrumente des Innovationsmanagements abzuleiten. Dabei steht natürlich zunächst die eigene Arbeit, der eigene Arbeitsplatz oder das nähere Arbeitsumfeld im Zentrum der Betrachtung. Nicht die große Veränderung im Sinne eines Wandels der 2. Ordnung steht im Mittelpunkt, sondern kleinere, praktisch umsetzbare Ideen und Problemlösungen.

- **Problemstellung**
  Wenn die Themenauswahl und der praktische Bezugsrahmen gefunden und eingegrenzt sind, können im nächsten Schritt die konkreten Bereiche und Merkmale der Problemstellung analysiert und beschrieben werden. Erst dadurch wird die mögliche Reichweite und Tiefe der gewählten Thematik deutlich und zeigt an, ob die so gewählte Aufgabe überhaupt im Rahmen einer Projektarbeit bearbeitbar und lösbar ist. Hier geht es darum, dass in analytischer Weise die Ist-Situation beschrieben wird, um daraus Klarheiten abzuleiten für die konkrete Eingrenzung der Bearbeitung und die angestrebten Ziele. Es geht in dieser Phase also auch um eine Selbstreflexion mit den Fragen: Wie stellt sich die Situation derzeit im Betrieb dar? Was kann ich und was will ich dazu beitragen, eine Lösung oder Veränderung herbeizuführen?

- **Zielsetzungen**
  Nachdem die Problemstellung in ihrer Reichweite und Tiefe bekannt ist, kann im nächsten Schritt genau geklärt werden, welche konkreten Ziele mit der Projektarbeit erreicht werden sollen. Die Zielklärung leitet sich somit sachlogisch aus der Problemstellung ab. Bei diesem Arbeitsschritt ist es besonders wichtig, dass die Erreichbarkeit der gesetzten Ziele für die Arbeit im Rahmen der gegebenen Möglichkeiten gesichert wird. Klare und konkrete Ziele helfen, die einzelnen Entwicklungs- und Arbeitsschritte festzulegen und an jeder Stelle der Arbeit zu überprüfen, ob der eingeschlagene Arbeitsweg auch zum gewünschten Ergebnis führt. Dabei sollten an dieser Stelle für die Zielbeschreibung schon die Regeln der SMART-Methode zur Zielfindung Berücksichtigung finden.

5.2 Eckpunkte für die Anfertigung einer Projektarbeit

- **Gliederung**

  Die Überlegungen zur konkreten Gliederung der Arbeit setzen die Gedankengänge der Zielklärung und Festlegung fort. Die ersten Gliederungsentwürfe sind zunächst Gedankenskizzen, die veränderbar sind und sich immer weiter detaillieren. Hilfreich ist hierbei, die Methode des Mindmapping zu nutzen. Die sogenannte Arbeitsgliederung bildet dann den vorläufigen Schlusspunkt dieser Entwicklungsarbeit. Erst während der inhaltlichen Auseinandersetzung mit dem Thema wird dann die Gliederung punktuell verändert, ergänzt oder gekürzt.

- **Theoretischer Bezugsrahmen**

  Auch wenn die Projektarbeit den betriebspraktischen Bezugsrahmen in den Mittelpunkt stellt, gehört es zum Anspruch einer solchen Arbeit, die angestrebten Problemlösungen/Ideenentwicklungen mit den zugehörigen theoretischen Erkenntnissen und Grundsätzen zu erklären oder zu begründen. Theoretische Erkenntnisse und Regeln helfen dabei, gut begründete und auch akzeptierte praktische Lösungen zu entwickeln und umzusetzen. Selbstverständlich gehört auch die Berücksichtigung und Einhaltung von Regeln des wissenschaftlichen Arbeitens in diesen Zusammenhang.

- **Eigenständige Leistung**

  Bei der Lösung betriebspraktischer Problemstellungen ist es eigentlich selbstverständlich, dass die eigenständige Arbeitsleistung auch sichtbar wird. Dennoch ist darauf zu achten und zu dokumentieren, was eigene Recherche,- Entwicklungs- oder Schreibleistung ist oder was von anderen Autoren übernommen wurde. Klare Kennzeichnungen nach den allgemeinen Regeln der Zitiertechniken gehören also selbstverständlich zur Projektarbeit.

- **Quellenrecherche**

  Keine Projektarbeit kann allein von den eigenen Gedankengängen und Erkenntnissen geschrieben werden. Zusätzliche Lösungsansätze, theoretische Erkenntnisse und Modelle gehören genauso dazu wie z. B. die eigene Erfassung von Datenmaterial aus bestimmten Erhebungen/Befragungen. Die richtigen Quellen zu finden und sachgerecht zu nutzen ist eine Fähigkeit, die im Ablauf der Arbeit gelernt wird. Dazu gehört natürlich die klassische Arbeit in der Bibliothek genauso wie die Recherchearbeiten im Internet oder auch Befragungen und Interviews. Wiederum wichtig ist, dass alle fremd verwendeten Quellen sachgerecht angegeben werden (Zitiertechnik).

5. Betriebswirtschaftliche Problemstellungen in eine Projektarbeit umsetzen

- **Leserführende Schreibweise**

  Nachdem der Verfasser der Projektarbeit seine Konzentration bisher überwiegend auf die inhaltlichen Aussagen und Erkenntnissen gelegt hat, muss zu Ende der Bearbeitungszeit der Text dahingehend entwickelt werden, dass auch fremde, aber fachlich kompetente Personen den Text der Arbeit lesen und verstehen können. Dazu muss die Sachlogik genauso deutlich werden wie die Richtigkeit der Aussagen, die Gesamtstruktur der Arbeit. Schließlich müssen auch das Layout und die vorgegebenen Formalien richtig gewählt und eingesetzt worden sein.

Vorabinformationen für den Betreuer der Projektarbeit

Nachfolgend ein exemplarisches Beispiel für notwendige Informationen und schriftliche Ausformulierungen, die notwendig sind, bevor mit der eigentlichen Projektbearbeitung begonnen werden kann, bzw. die ein Projektbetreuer benötigt, um feststellen zu können, ob die gewählte Projektarbeit unter sachinhaltlichen und zeitlichen Aspekten erfolgsversprechend bearbeitet werden kann.

Arbeitstitel der Projektarbeit:
Einführung eines Ideenmanagementsystems in einem Handwerksbetrieb
Problembeschreibung:
Der Betrieb _____ ist sehr stark kunden- und dienstleistungsorientiert. Gleichzeitig unterliegt er einem schnellen technologischen Wandel und muss sich durch handwerkliche Qualitätsarbeit und Zuverlässigkeit am Markt behaupten. Das erfordert hohe Qualifikation von den Mitarbeitern und die Fähigkeit zum Mitdenken und selbstständigen Handeln. In den vergangenen Jahren hat es sich immer wieder gezeigt, dass Problemlösungen oder neue Ideen von Mitarbeitern eher zufällig bekannt und aufgegriffen wurden. Dadurch sind dem Betrieb im Nachhinein einige Aufträge entgangen und in Einzelfällen wiederkehrend unnötige hohe Kosten aufgetreten. Durch den stärker werdenden Konkurrenzdruck aus der Region und aus dem nahe liegenden Ausland müssen Strukturen entwickelt werden, um die Potenziale der Mitarbeiter regelmäßig für den Betrieb nutzbar zu machen. Das Konzept des Ideenmanagements scheint dafür ein sinnvoller Weg zu sein.
Ziele der Arbeit:
Auf Basis einer grundlegenden Analyse der Ist-Situation im Betrieb wird angestrebt, ein für den Betrieb geeignetes Instrumentarium des Ideenmanagements zu entwickeln und im Rahmen der Projektarbeit erste praktische Einführungen zu erproben und auszuwerten.
Bei der Erarbeitung sollen besonders die Rahmenbedingungen eines Handwerksbetriebes berücksichtigt werden. Dabei kommt der Auswahl von entsprechenden Verfahren, der Rollen- und Aufgabenverteilung der Personen und der Kosten-Nutzen-Betrachtung besondere Bedeutung zu.
Eine abschließende Betrachtung ermöglicht den Blick in die Zukunft und versucht, Chancen und Grenzen des Systems abzuwägen.

5.2 Eckpunkte für die Anfertigung einer Projektarbeit

Arbeitsgliederung:

Abbildungsverzeichnis _____ I

Abkürzungsverzeichnis _____ II

Tabellenverzeichnis _____ III

Verzeichnis der Anhänge _____ IV

Einleitung _____ V

1. Betriebliche Problemstellung _____

2. Fragestellung und Ziele dieser Projektarbeit _____

3. Begriff Ideenmanagement _____

4. Die Bedingungen zum Projektstart _____

    4.1 Ausgangssituation im Betrieb _____

    4.2 Einführung eines Ideenmanagements in der Krise _____

        4.2.1 Theoretische Grundlagen _____

        4.2.2 Konkrete Anwendungsüberlegungen in der Firma _____

5. Kostenplanung _____

    5.1 Planungs- und Einführungskosten _____

    5.2 Kostenfaktor Prämien bzw. Anerkennung der Ideen _____

6. Die beteiligten Personen _____

    6.1 Die Rolle der Mitarbeiter _____

    6.2 Die Rolle der Führungskräfte _____

    6.3 Die Rolle des Ideenmanagers _____

7. Organisation und Umsetzung _____

    7.1 Dem Kind einen Namen geben – der Slogan _____

    7.2 Mitarbeiter vorbereiten und qualifizieren _____

    7.3 Entwicklung der Formulare _____

    7.4 Handlungsempfehlungen zur Verstetigung _____

    7.5 Der Start des Ideenmanagements _____

    7.6 Ideenmanagement in Aktion – Erprobungsphase _____

5. Betriebswirtschaftliche Problemstellungen in eine Projektarbeit umsetzen

8. Nutzen _____

    8.1 Nicht monetärer Nutzen _____

    8.2 Monetärer Nutzen _____

9. Zusammenfassung und Ausblick _____

    9.1 Möglichkeiten der Einführung in den Regelbetrieb _____

    9.2 Chancen und Grenzen für die Zukunft _____

Literaturverzeichnis _____

Anhang _____

Beispiel für notwendige Informationen zur Beantragung der Projektarbeit

Die hier dargestellte beispielhafte Grobgliederung wird für die Umsetzungsphase zu umfangreich und detailliert sein. Dennoch ist es in diesem Arbeitsstadium nicht falsch, möglichst präzise alle zunächst angedachten Gliederungspunkte aufzuschreiben.

Um die Grobgliederung mit dem betreuenden Dozenten zu besprechen, muss das Verzeichnis der Abbildungen, Literaturverzeichnis und der Anhang noch nicht beigefügt werden, da zu dem Zeitpunkt noch nicht klar ist, was alles benötigt wird.

Betreuer und Projektbearbeiter

Die für die Projektarbeit entwickelten Überlegungen werden von einem fachbetreuenden Dozenten geprüft und gegebenenfalls gemeinsam mit dem Projektbearbeiter modifiziert, ergänzt und gegebenenfalls auch gekürzt oder erweitert.

Dabei berät der Betreuer den Teilnehmer bei der Themenfindung, der logischen Gliederung des Inhalts und der ersten Quellen- und Literaturwahl. Wichtig ist, dass der Projektbearbeiter in jedem Fall seine Projektarbeit mit dem betreuenden Fachdozenten abgestimmt hat, ehe er mit der detaillierten inhaltlichen Ausarbeitung beginnt!

5.3 Einsatz von Projektmanagementinstrumenten

Bei der Planung und Umsetzung einer Projektarbeit ist prinzipiell hilfreich, mithilfe einzelner Instrumente aus dem Projektmanagement zu arbeiten, um die zeitlichen Vorgaben und die vereinbarten Ziele und Inhalte sachgerecht zu erreichen. Da im Rahmen einer solchen Arbeit mit festgesetztem Abgabetermin die Zeit das knappe Gut ist, sollte diesem Faktor in den Vorüberlegungen besonders viel Aufmerksamkeit geschenkt werden. Die Aufgaben- und Zeitplanung übernimmt wichtige Funktion:

- Koordinierung der einzelnen Schritte, die sich möglicherweise überlappen oder auch parallel laufen.
- Gewichtung einzelner Arbeitsschritte nach Zeit und Komplexität.
- Einbindung und Berücksichtigung anderer Aktivitäten, die eine zeitliche Einschränkung bedeuten.
- Kontrollfunktion für den eigenen Arbeitsfortschritt (Soll-Ist-Abgleich).

Aufgaben- und Zeitplanung für die Projektarbeit

Um mit der Arbeit zu beginnen, ist im Vorfeld zu klären, welcher Abgabetermin relevant ist. Dann beginnt die Zeitrechnung „rückwärts" von diesem Termin. Für die eigentliche Bearbeitung stehen gemäß § 11 Prüfungsordnung „Geprüfter Betriebswirt nach der Handwerksordnung und Geprüfte Betriebswirtin nach der Handwerksordnung" 30 Kalendertage zur Verfügung. Zu berücksichtigen ist allerdings eine zeitliche Vorphase zur Themenfindung und Abstimmung mit dem betreuenden Dozenten. Diese Zeitspanne sollte nicht zu knapp eingeplant werden. Empfehlenswert sind vier bis sechs Wochen. Das klingt zunächst lange, ist aber aus praktischer Erfahrung nicht übertrieben. Die Themenfindungs- und Abstimmungsphase im und mit dem Betrieb gehört genauso dazu wie die Beratungsphase mit dem betreuenden Dozenten. Zu prüfen ist immer, ob alle vorgegebenen und selbstgesetzten Zeiten realistisch sind. Hier liegen die größten Hindernisse.

> Im Projektmanagement wird die nachfolgende Aussage immer wieder verwendet: „Zeige mir, wie dein Projekt beginnt, und ich zeige dir, wie es endet!"

Das bedeutet, dass der Arbeits- und Zeitplanung gerade zu Beginn große Bedeutung für den Erfolg zukommt.

5. Betriebswirtschaftliche Problemstellungen in eine Projektarbeit umsetzen

Phasen der Projektarbeit

Die nachfolgende Abbildung zeigt, wie die Grobphasen des zeitlichen Ablaufes im Rahmen einer Projektarbeit aussehen können.

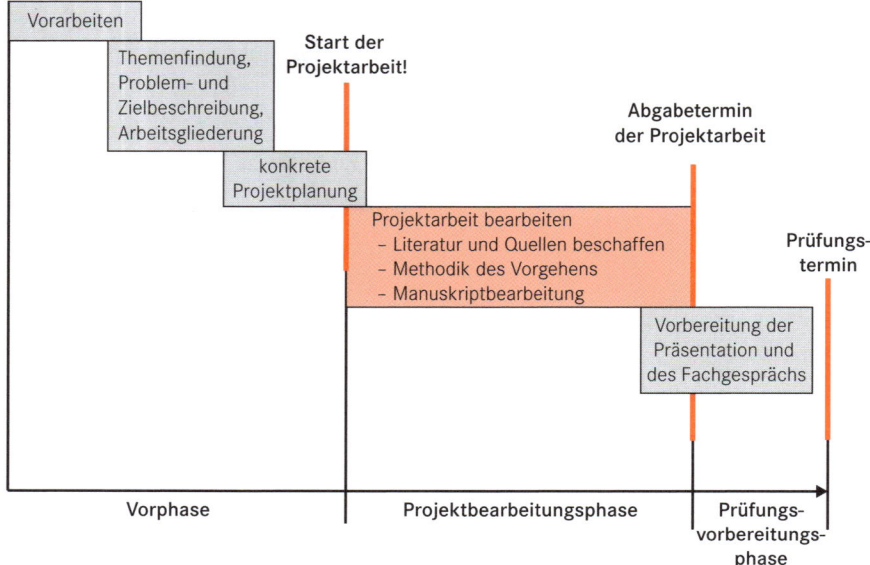

Phasen der Projektarbeit

Die Abbildung verdeutlicht, dass die Arbeit an der Projektarbeit schon lange vor dem eigentlichen Start liegt. Dazu gehören die Arbeiten zur Themenerkundung, betriebliche Beobachtungen, Ideenfindungen, Problemlöseansätze, erste Literatursuche und schließlich der weiter oben dargestellt Dreischritt „Problembeschreibung – Zielklärung – Arbeitsgliederung". Kurz vor dem eigentlichen Starttermin müssen letztlich noch die Vereinbarungen und Abstimmungen mit dem Betrieb sichergestellt werden, mögliche Kostenkalkulationen durchgeführt und natürlich die konkrete Arbeits- und Zeitplanung umgesetzt werden.

Schriftliche Fixierung

Das bedeutet, dass alle Überlegungen, Ideen und die Grobplanungselemente gesammelt und aufgeschrieben wurden und nun inhaltlich und zeitlich verfeinert werden. Diese Verfeinerung der Projektplanung ist selbstverständlich stark von der Thematik abhängig und der Art und Weise, wie der Bearbeiter an das Thema herangehen möchte.

Hilfreich dafür ist wiederum die Arbeit mit einem Mindmap, um alle Tätigkeiten und Aktivitäten in den einzelnen Phasen übersichtlich darzustellen. Im nächsten Schritt sollte der Gesamtzusammenhang sichtbar gemacht werden. Ein einfaches und sehr effizientes Werkzeug dafür ist das **Balkendiagramm**.

5.3 Einsatz von Projektmanagementinstrumenten

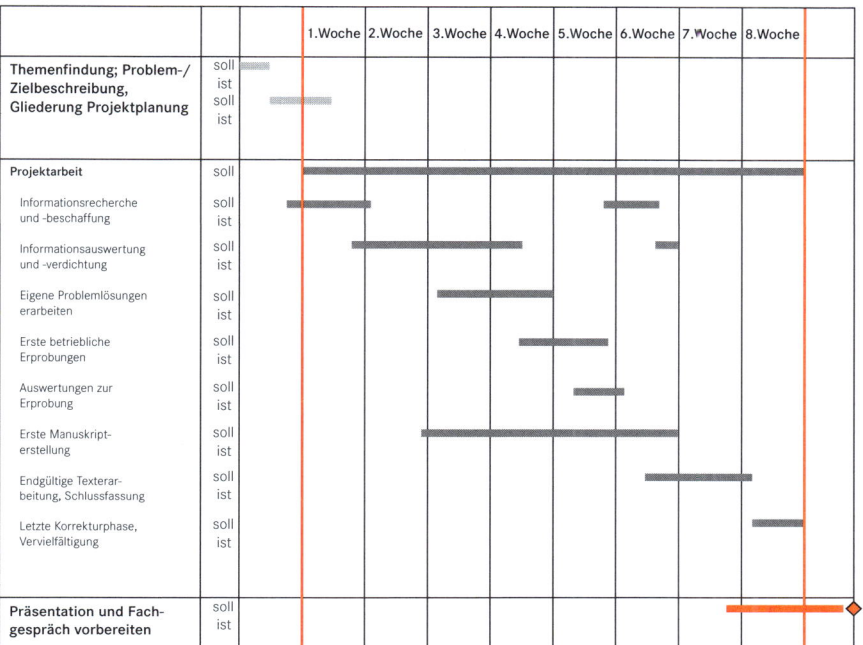

Beispiel Balkendiagramm

Balkendiagramm für die Arbeits- und Terminplanung

Die Abbildung des Balkendiagramms als ein fiktives Beispiel für eine Projektarbeit zeigt in dieser Form auf, dass bestimmte Arbeiten nacheinander, parallel oder zeitlich versetzt ablaufen können. Bei einer weiteren Präzisierung können zusätzliche Tage sichtbar gemacht werden, an denen an der Projektarbeit nicht gearbeitet werden kann, z. B. an einem Wochenende, durch eine betriebliche Verhinderung oder Ähnliches. Nach diesen Überlegungen werden die „Nettoarbeitstage" für die Projektarbeit sichtbar, und diese liegen häufig 10 % bis 25 % unter den „Bruttoarbeitstagen". Eine nicht zu vernachlässigende Größe!

Zeitliche Planung und Umsetzung

Ist ein Arbeitsschritt abgeschlossen, kann die Ist-Zeit nachträglich eingezeichnet werden. Diese SOLL-IST-Gegenüberstellung wirkt wie eine ständige Erfolgskontrolle und zeigt frühzeitig auf, wann und in welchen Zeiten Planungsrevisionen durchgeführt werden müssen.

Das größte Problem bei diesen Planungsarbeiten ist immer wieder die möglichst genaue Abschätzung der notwendigen Zeit. Besondere Beachtung sollten dabei auch die sogenannten „Nebentätigkeiten" erhalten. Dazu gehören alle organisatorischen Arbeiten, vielleicht auch die Rücklaufzeiten von Fragebögen, die Gesprächstermine mit einem Kollegen, einen Vorgesetzten usw. In der Summe beeinflussen diese „kleinen" Punkte das zeitliche Gesamtbudget erheblich.

5. Betriebswirtschaftliche Problemstellungen in eine Projektarbeit umsetzen

Für die gesamte Arbeits- und Zeitplanung bietet sich die **„ALPEN-Methode"** an:

A	Alle notwendigen **Aufgaben** zur Projektarbeit werden gesammelt und schriftlich festgehalten. Auch wenn die Sammlung nicht von Beginn an vollständig sein wird und noch weiter wächst, wird an dieser Stelle schon eine erste Klärung des Arbeitsaufwandes deutlich.
L	Wenn die Inhalte und Aufgaben als Sammlung bestehen, kann im nächsten Schritt die **Länge** der einzelnen Tätigkeiten abgeschätzt werden. Die Zeitschätzungen sind nicht einfach und beruhen oftmals auch auf Erfahrungen. Deshalb ist schon während der Weiterbildung zum Betriebswirt eine immerwährende Lernzeitschätzung für die spätere Projektarbeit hilfreich.
P	Hier geht es darum, sachgerechte **Puffer** in die Zeitplanung einzubauen. Wie viele Zeitpuffer im Rahmen einer Projektarbeit einkalkuliert werden, hängt wesentlich von den persönlichen Bedingungen und Rahmenvorgaben ab. Zeitmanagementexperten gehen grundsätzlich davon aus, dass bis zu 40 % (!) als Puffer eingerechnet werden sollen.
E	Wenn alle Aufgaben gesammelt sind und auch die zeitlichen Bedingungen erfasst wurden, müssen **Entscheidungen** darüber getroffen werden, welche Prioritäten den einzelnen Tätigkeiten zugewiesen werden. Hier spielen Dringlichkeit und Wichtigkeit eine wesentliche Rolle bei der Zuweisung der Priorität. Eine Einteilung nach dem „Eisenhower-Prinzip" in A-, B- und C-Aufgaben ist dafür besonders geeignet (siehe nachfolgende Abbildung).
N	Die kontinuierliche **Nachkontrolle** ist ein entscheidender Faktor für den Erfolg. Die Elemente Zielerreichung, Inhalt und Zeit gehören dazu. Nachkontrollen während der Projektarbeit sollten immer an wichtigen Zwischenpunkten erfolgen (sog. Meilensteine).

5.3 Einsatz von Projektmanagementinstrumenten

	dringlich	nicht dringlich
wichtig	**A-Tätigkeiten:** Projektdesign, Gliederung Projektarbeit kurz vor der Abgabe Präsentations- und Fachgesprächsvorbereitung laufende Klausurvorbereitungen	**B-Tätigkeiten:** langfristige Projektplanung betriebliche Abstimmungen zum Projekt im Vorfeld Vorüberlegungen zur Projektarbeit
nicht wichtig	**C-Tätigkeiten:** Ablagetechnik für Projektmaterialien Kopier- und Bindearbeiten Grafiken farbig gestalten Layoutfestlegung für Fragebögen	

Beispiel für eine Dringlichkeits-Wichtigkeits-Matrix (in Anlehnung an: Stickel-Wilf, S./Wolf, J., 2013, S. 342)

Auf Basis der A-B-C-Analyse lassen sich die Aufgaben sehr gut planen und priorisieren. Da in der Regel die A-Aufgaben am stärksten den Erfolg der Arbeit beeinflussen, sollten diese Aufgaben besonders gewissenhaft und mit ausreichender Zeit geplant und umgesetzt werden.

6. Ausgewählte Grundlagen des wissenschaftlichen Arbeitens zur Erstellung einer Projektarbeit

In der Fortbildung zum „Geprüften Betriebswirt nach der Handwerksordnung" muss im Rahmen der Projektarbeit eine schriftliche Ausarbeitung der Projektidee bzw. der Problemlösung angefertigt werden. Solche schriftlichen Ausarbeitungen sind häufig auch dann im Berufsleben von Bedeutung, wenn z. B. im Rahmen der Führungsaufgaben ein thematisches Konzept für das Unternehmen erarbeitet werden muss oder die Führungskraft einen Fachartikel in einer entsprechenden Zeitschrift veröffentlichen möchte. Für derartige schriftliche Ausarbeitungen gelten neben den in Kapitel 5 dargestellten Arbeitsregeln und -anleitungen bestimmte Vorgaben und Grundlagen, die sich an den Prinzipien des wissenschaftlichen Arbeitens orientieren.

Die nachfolgenden Ausführungen stellen eine grundlegende Einführung dar und helfen, im Rahmen der Projektarbeit die entsprechenden Regelungen sachgerecht anzuwenden. Der Bearbeiter der Projektarbeit soll zeigen, dass er in der Lage ist, eine ausgewählte betriebliche Problemstellung selbstständig zu bearbeiten, die theoretischen Grundlagen/Voraussetzungen sachgerecht aufzuarbeiten und die gewählten Verfahren und Instrumente für den gefundenen Lösungsweg professionell darzustellen. Gerade die Lösungserarbeitung zeigt in besonderer Weise die eigenständige Auseinandersetzung des Verfassers mit der Thematik. Es geht also nicht um die bloße Aneinanderreihung von Zitaten oder abgewandelten Textteilen aus der Fachliteratur, sondern um die Lösungsorientierung zu einer betrieblichen Problemstellung. Beide inhaltlichen Aspekte einer Projektarbeit (theoretische Grundlagen/Voraussetzungen und betriebspraktischer Lösungsansatz) setzen voraus, dass der Verfasser entsprechende Quellen (Bücher, Zeitschriften, Internet und Ähnliches) recherchiert, auswertet und sachgerecht in seine schriftliche Ausarbeitung einbindet.

6.1 Ausgewählte Teilbereiche des wissenschaftlichen Arbeitens im Rahmen der Projektarbeit

Nachdem die Themenfindung mit Problembeschreibung, Zielsetzung und erster Arbeitsgliederung abgeschlossen ist, beginnt die eigentliche Arbeit. Vor dem Start sollte der betreuende Fachdozent selbstverständlich nochmals eingebunden werden, um mit ihm die geplante Arbeitsweise abzustimmen. Mögliche Hinweise und Hilfen erleichtern die nächsten Schritte und geben Sicherheit, auf dem richtigen Weg zu sein.

Nachfolgend werden einzelne notwendige Arbeitsbereiche kurz beschrieben und mit hilfreichen Hinweisen oder Beispielen für die sachgerechte Umsetzung angereichert.

6.1.1 Quellen recherchieren und auswerten

Quellen recherchieren und auswerten

Die Themen zu den Projektarbeiten haben in der Regel ihren Ursprung in einem betrieblichen Hintergrund. Es geht also um eine Problemstellung, eine Idee oder Innovation, die mit der Projektarbeit gelöst werden soll. Entsprechend grenzt sich die Recherche nach entsprechenden Quellen und Materialien stark ein. Trotz der Möglichkeiten, die der Computer bietet, sind traditionelle Aufbewahrungs- und Sortiertechniken weiterhin sehr hilfreich. Ein Aktenordner, um Zeitschriftenartikel oder andere Textbeispiele aufzuheben, und die klassische Karteikartensammlung für Notizen und andere Quellen (Bücher etc.) sind weiterhin zeitgemäße Hilfsmittel.

Fachbücher und Artikel

Um an aktuelle Fachbücher und Zeitschriftenartikel zu gelangen, wird der Besuch entsprechender **Bibliotheken** unumgänglich sein. Ist der eigene Wohnort in der Nähe einer größeren Stadt, wird das in der Regel kein Problem sein, ansonsten muss möglicherweise die sogenannte „Fernleihe" in Anspruch genommen werden. Immer gilt allerdings die richtige Recherche in den Beständen der Bibliotheken. Das geht in Zeiten des Computers und Internets relativ komfortabel vom heimischen Arbeitsplatz aus. Über entsprechende Suchmasken lassen sich die Quellen schnell und zielgerichtet finden. Zu beachten ist, dass im Regelfall für die eigentliche Reservierung und Ausleihe bei den meisten Bibliotheken ein kostenpflichtiger Mitgliedsausweis notwendig ist. Über das Ausstellungsverfahren und die Kosten sollte sich der Verfasser frühzeitig informieren.

6.1 Ausgewählte Teilbereiche des wissenschaftlichen Arbeitens im Rahmen der Projektarbeit

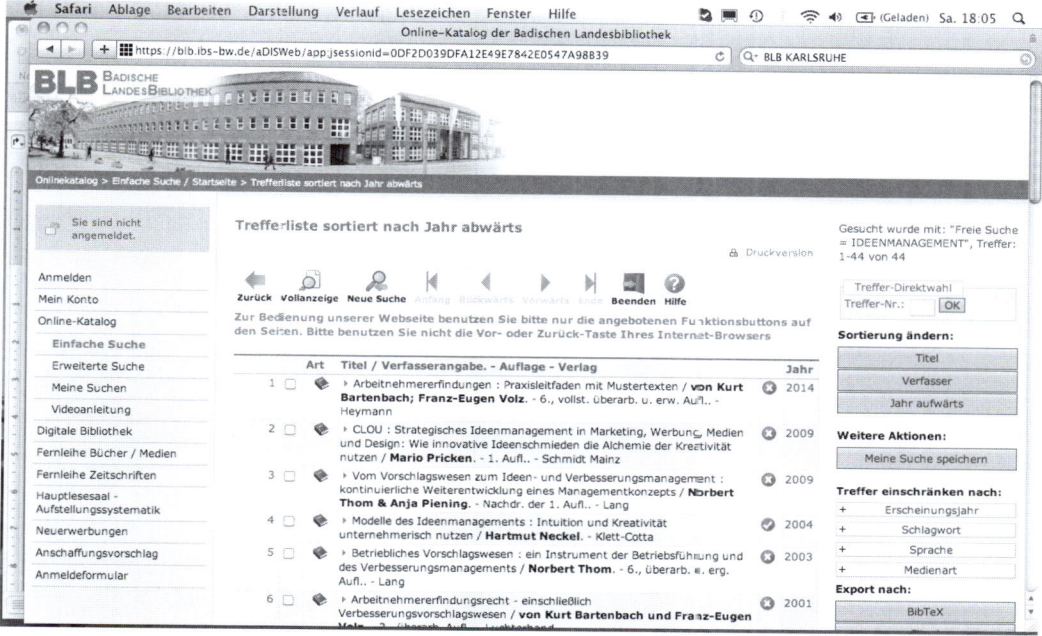

Beispiel aus der Such- und Ergebnismaske der Badischen Landesbibliothek Karlsruhe zur Sucheingabe „Ideenmanagement" am 1.3.2014, gefunden: 44 Treffer (https://www.blb-karlsruhe.de/)

Neben den Bibliotheken bietet das **Internet** natürlich eine schier unendliche Masse an Informationen und Quellen zu allen üblichen Themen und Fragestellungen. Über entsprechende Suchmaschinen und möglichst sachlogische Suchbegriffe und Verknüpfungen gelangt man so sehr schnell an hilfreiche Quellen. Doch gerade bei Internetquellen ist äußerste Vorsicht geboten. Einerseits sind die Einträge im Internet „flüchtig". Es ist nicht sicher, dass die gefundene Quelle noch in nächster Zeit vorhanden ist oder an einer anderen Stelle wieder auftaucht. Andererseits ist zu bedenken, dass Daten aus dem Internet nicht immer klar einem Autor oder einer Quelle zugeordnet werden können, möglicherweise geändert werden und unseriöse Informationen nicht erkannt werden können. Wenn auch das Internet aus der heutigen Arbeit nicht wegzudenken ist und natürlich auch unglaublich große Vorteile bietet, so sollte man dennoch bei der Anfertigung von Projektarbeiten und anderen Texten die Seriosität und Nachweisbarkeit von Internetquellen höchstmöglich sicherstellen.

Internet

Die dritte wichtige Quelle für notwendige Informationen ist natürlich der **Betrieb** selbst. Betriebsinterne Veröffentlichungen, Arbeits- und Prozessbeschreibungen, Jahresberichte, Geschäftsberichte, die Homepage, das Intranet und alle anderen möglichen Quellen bieten einen Fundus an Informationen, die natürlich auf das gesetzte Ziel hin ausgewertet werden müssen. Dazu gehören selbstverständlich auch

Eigener Betrieb

6. Ausgewählte Grundlagen des wissenschaftlichen Arbeitens

Gespräche mit betrieblichen Experten, die möglicherweise fundierte Auskünfte über die angestrebte Problembearbeitung geben können.

Die in Abschnitt 4.1 „Innovationsquellen nutzen" beschriebenen Methoden und Verfahren bilden den vierten wichtigen Bereich zur Informationsgewinnung und zur Basislegung von theoretischen Grundlagen und Lösungsansätzen in der Projektarbeit.

Alle gefundenen Quellen und zugehörigen Informationen sollten sorgfältig bearbeitet, sortiert, gegliedert und mit entsprechenden Hilfsmitteln gesichert/abgelegt werden.

Nach diesen wesentlichen Schritten kann die erste Verschriftlichung der Gedanken beginnen. Dabei geht es darum, die bisherige Arbeitsgliederung im Bedarfsfall zu überarbeiten (Kürzungen und Ergänzungen sind möglich) und die Texte im Sinne eines ersten Entwurfsmanuskripts zu schreiben.

6.1.2 Die Einleitung

Einleitung

In diesem Teil der Arbeit kann unterschiedlich vorgegangen werden. Grundsätzlich hat die Einleitung die Aufgabe, mit dem Leser der Arbeit in Kontakt zu treten und ihn in die Thematik einzuführen. Es soll beim Leser Interesse am Thema geweckt werden, in dem z. B. ein aktueller Bezugsrahmen beschrieben wird oder/und die Situation des Betriebes kurz dargestellt wird. Ob die Problemstellung der Arbeit und die daraus abgeleiteten Ziele mit in die Einleitung beschrieben werden oder ob dafür ein erstes Kapitel im Hauptteil gewählt wird, entscheidet der Verfasser in Abstimmung mit dem Betreuer. Im Beispiel der Arbeitsgliederung auf Seite 73 sind diese beiden Punkte getrennt in zwei unterschiedlichen Kapiteln bearbeitet.

Auf jeden Fall sollten in der Einleitung auch Aussagen darüber gemacht werden, wie der Verfasser das Ziel der Projektarbeit erreichen will, also welche Vorgehensweise, Verfahren und Instrumente eingesetzt werden. Dabei kann man sich gut an den Hauptgliederungspunkten orientieren, ohne sie aber einfach zu wiederholen.

6.1.3 Der Hauptteil

Hauptteil

Wenn der Text für den Hauptteil entsteht, geht es darum, die gut durchdachte Gliederung mit Inhalten zu füllen. Die bisherigen Gliederungspunkte sollten sachlogisch bearbeitet werden. Besonders wichtig dabei ist, die beschriebenen Ziele nicht aus den Augen zu verlieren! Dem Verfasser muss es dabei gelingen, seinen Text so aufzubauen und zu gestalten, dass die Ausführungen, Argumente, Verfahrensweisen und Begründungen den Leser führen und das Ziel erreicht wird. Wenn auch viele Inhalte über die Literaturrecherche zustande kommen, so sollte dennoch die Projektarbeit keine Aneinanderreihung von Sätzen aus der verarbeiteten Literatur sein. Es ist empfehlenswert, zunächst bestimmte Sachzusammenhänge in den Literaturquellen zu lesen, zusammenzufassen und daraus frei einen eigenen Text zu gestalten. Ausgenommen sind selbstverständlich alle Formen der Zitate, die später noch genauer betrachtet werden.

Zu beachten ist bei der **Textgestaltung** besonders:

- Spezielle Begriffe müssen erläutert bzw. definiert werden.
- Abbildungen müssen durchnummeriert werden und einen „Titel" haben.
- Tabellen müssen durchnummeriert werden und einen „Titel" haben.
- Einzelne Gliederungsabschnitte müssen sachlogisch passen und eine Mindestlänge aufweisen, ansonsten sind sie in einen anderen Gliederungspunkt zu integrieren.
- Besondere Aufmerksamkeit muss der Zitiertechnik gewidmet werden. Für den Leser muss deutlich werden, aus welchen Quellen bestimmte Aussagen stammen. Die Verwendung von Quellen ist wie die Nutzung fremden geistigen Eigentums. Wenn diese Quellen nicht angegeben werden, begeht der Verfasser geistigen Diebstahl! Im Rahmen einer Projektarbeit läuft er zudem Gefahr, dass die Arbeit nicht angenommen/anerkannt wird und somit alle Mühen umsonst waren. Deshalb ist das sachgerechte und richtige Zitieren ein bedeutsames Handwerkszeug jeder schriftlichen Arbeit, insbesondere natürlich jeder Projektarbeit. Diese Selbstverständlichkeit ist somit eine Grundvoraussetzung im Sinne von (in Anlehnung an: Rossig, W./Prätsch, J.: 2005, S. 121).
- Redlichkeit und Ehrlichkeit. Urheber müssen genannt werden, ansonsten handelt es sich um „geistigen Diebstahl" bzw. um sog. „Plagiate".
- Verdeutlichen der eigenen Leistung. Die Eigenständigkeit einer Leistung kann nur erkannt werden, wenn die fremden geistigen Leistungen korrekt gekennzeichnet sind.
- Sicherheit für Autoren und Zitierende. Mögliche Fehldarstellungen oder Fehler in den Originalen lassen sich nur durch richtige Zitiertechnik sachgerecht zuordnen.
- Nachvollziehbarkeit und Überprüfbarkeit. Der Leser muss ohne große Mühe die Quellen nachvollziehen können (inhaltlich richtig, formal einheitlich).

Auch in der Fachliteratur zur Zitiertechnik weichen einzelne Regeln und Darstellungsformen voneinander ab. Entscheidend ist, dass mögliche Vorgaben, z. B. von der Bildungseinrichtung, für die Zitierweise eingehalten werden und eine gewählte Variante der Zitiertechnik in der Arbeit strikt und einheitlich durchgehalten wird.

Textgestaltung

6. Ausgewählte Grundlagen des wissenschaftlichen Arbeitens

Da die Zitierregeln sehr umfassend und vielfältig sind, werden im Folgenden die wichtigsten Regeln, die üblicherweise auch im Rahmen einer Projektarbeit angewendet werden, benannt und kurz beschrieben. Für die vertiefende Auseinandersetzung mit derartigen Regelwerken oder auch bei Unsicherheiten im Verlauf der Bearbeitung muss unbedingt auf die zugehörige Fachliteratur zurückgegriffen (siehe Literaturverzeichnis) oder müssen entsprechende Internetquellen genutzt werden.

Zitate

Zitate sind wörtliche oder sinngemäße (zusammengefasste) übernommene geistige Leistungen anderer Autoren. Sie dürfen nicht sinnverändert werden, müssen wiederbeschaffbar und nachprüfbar sein. Beide Formen von Zitaten müssen eindeutig im Text kenntlich gemacht werden.

- **Wörtliche Zitate**
  Sie werden wie wörtliche Reden zwischen Anführungszeichen gesetzt und müssen original- und buchstabengetreu übernommen werden. Auslassungen, Einfügungen oder Fehler sind durch eckige Klammern zu kennzeichnen.

- **Indirekte Zitate**
  Hierbei handelt es sich um nicht wörtliche Übernahmen (z. B. Zusammenfassungen) oder um Anlehnungen an die Gedanken eines Autors. Diese Textteile werden nicht in Anführungsstriche gesetzt, die Quellenangabe beginnt mit „vgl. ..." oder „in Anlehnung an ..." oder mit „sinngemäß übernommen aus ...". Anfang und Ende müssen deutlich durch die gewählte Formulierung erkennbar sein.

Zitiertechnik

Wichtig ist, dass derartige Quellenangaben nicht nur für Textteile aus Büchern und Zeitschriften, sondern auch für Abbildungen und Tabellen Gültigkeit haben.

Um nun die verwendeten Quellen im Text anzugeben, werden unterschiedliche Verfahrensweisen verwendet.

a) Zitiertechnik mit Fußnoten als erweiterter Kurzbeleg

Dabei werden in übersichtlicher und größtmöglicher Kürze alle notwendigen Informationen über die Quelle in einer Fußnote wiedergegeben. Name, Vorname des/der Verfasser, Kurztitel, Erscheinungsjahr, Seite

Die genauen und vollständigen Angaben werden im Literaturverzeichnis aufgeführt.

Beispiel für ein wörtliches Zitat:

„Die Bedeutung von Kommunikation als zentraler Erfolgsfaktor für das Veränderungsmanagement soll hervorgehoben werden".[4]

Nach dem Punkt folgt die Word-Zählung mit einer hochgestellten Ziffer, und die Quelle wird in der Fußnote angegeben:

[4] vgl. Stolzenberg/Heberle: Change Management 2009, S.62

Im Literaturverzeichnis wird die Quelle vollständig belegt:

Stolzenberg, Kerstin/Heberle, Krischan: Change Management. Veränderungsprozesse erfolgreich gestalten – Mitarbeiter mobilisieren. Heidelberg: Springer Medizin Verlag 2009, 2. Aufl.

b) **Eine andere Variante ist der Kurzbeleg oder die sog. „Harvard-Zitierweise".**

Dabei geht es darum, den Lesefluss durch Fußnoten nicht zu unterbrechen und die wichtigsten Inhaltsangaben für eine sachgerechte Quellenangabe zu gewährleisten. Es ist eine Form der Kurzzitierweise im laufenden Text. Angegeben werden nur: Autor, Jahr, Seite. Im Literaturverzeichnis wird wiederum die Quelle vollständig belegt.

Zitatbeispiel:

„Die Bedeutung von Kommunikation als zentraler Erfolgsfaktor für das Veränderungsmanagement soll hervorgehoben werden" (Stolzenberg/Heberle, 2009, S. 62).

Diese Form der Zitiertechnik ist lesefreundlich, zeit- und drucktechnisch sehr ökonomisch, eignet sich aber nur für kurze Arbeiten.

Diese einfache Form der Zitiertechnik ist also für Projektarbeiten in der hier beschriebenen Form gut geeignet und wird empfohlen!

Ausgewählte Beispiele für Quellenangaben im Literaturverzeichnis:

Quellenangaben

- **aus einer Zeitschrift**
  Wenn z. B. ein direktes Zitat aus dem Artikel verwendet wird:
  „So erwartet die alte Bundesregierung ein Wachstum des deutschen Bruttoinlandsprodukts von 1,7 Prozent gegenüber 2013 [...]" (Mulatz, 2009, S. 11).
  im Literaturverzeichnis
  Mulatz, Reinhold: Umsatzbringer im Handwerk. In: handwerk magazin für unternehmerischen Erfolg. Nr. 1/2014, Bad Wörishofen: Holzmann Medien 2014

- **aus einem Buch mit mehreren Autoren (Herausgeberschaft)**
  Wenn z. B. ein indirektes Zitat verwendet wird:
  Zusammengefasster Text: Bei einer motivierenden Unternehmenskultur sind die Zahlen nur schwer zu erfassen, allerdings sind die Kosten sichtbar, der Ertrag nur langfristig und indirekt (Icks, 2012, S. 126).

im Literaturverzeichnis

Icks, Annette: Unternehmenskultur. In: Offensive Mittelstand – Gut für Deutschland (Hrsg.): Unternehmensführung für den Mittelstand. Stuttgart: Schäffer-Poeschel 2012

Zitieren einer Internetquelle

Zitieren einer Internetquelle

Grundsätzlich gilt, nur Quellen aus dem Internet zu verwenden, die „solide" und nachvollziehbar erscheinen. Die Grauzone ist allerdings sehr groß. Deshalb sollten Quellenangaben aus dem Internet nur sehr zurückhaltend und gewissenhaft verwendet werden.

Notwendige Angaben sind:

Name, Vorname: Titel. In: „ ..." Bei Bedarf weitere Informationen über die Veröffentlichung, Datum der Veröffentlichung im Netz. Internetadresse: <Internetadresse/URL>. [Abrufdatum].

Beispiel:

Küll, Uwe: Wie mobil muss Information sein? In: CIO Knowledge Center, 18.2.2014. http://www.cio.de/knowledgecenter/ecm/2946535/#[Abrufdatum: 27.2.2014]

6.1.4 Der Schlussteil

Schlussteil

Der Schlussteil einer Projektarbeit kann knapp gefasst werden und sollte in Relation zur Gesamtlänge der Arbeit stehen (ca. eine bis zwei Seiten). Dabei geht es schwerpunktmäßig um die Zusammenfassung der Arbeit, die gefundenen Ergebnisse und Lösungen, eigene Interpretationen und evtl. weiterführende Aktionen aufgrund der Ergebnisse der Projektarbeit. In diesem Teil werden also in zusammenfassender Form die in der Einleitung dargestellten Ziele und Problemstellungen mit ihren zugehörigen Lösungsansätzen dargestellt. Der Schlussteil macht somit deutlich, ob das angestrebte Ziel vom Autor erreicht wurde und er in der Lage ist, das eigene Ergebnis oder auch die Nichterreichung eines angestrebten Ergebnisses zu interpretieren.

6.1 Ausgewählte Teilbereiche des wissenschaftlichen Arbeitens im Rahmen der Projektarbeit

6.1.5 Textergänzungen zur Projektarbeit

Neben dem eigentlichen Text der Projektarbeit müssen im Bedarfsfall noch weitere Informationen und Zusammenfassungen gegeben werden. Dazu gehören:

Textergänzungen

- **Titelseite**

  Die Gestaltung der Titelseite ist in den meisten Fällen durch die entsprechende Bildungseinrichtung vorgegeben. Sie muss mindestens enthalten:

  - Bezeichnung der Bildungseinrichtung
  - Titel (mit Untertitel) der Arbeit
  - Name und Adresse des Verfassers
  - Kurs/Semester
  - Prüfungsnummer
  - Name des Erstbetreuers
  - Name des Zweitbetreuers

  Selbstverständlich ist, dass das Titelblatt optisch gut aufgebaut ist und fehlerfrei geschrieben wird.

- **Anhang**

  Hier werden weiterführende Unterlagen/Belege beigefügt. Dazu gehören z. B. Fragebögen, unzugängliche oder unveröffentlichte Unterlagen, die in der Arbeit genutzt wurden, und im Bedarfsfall auch Belege aus elektronischen Medien (Internet).

  Wichtig ist, dass der Anhang keine Verlängerung der eigentlichen Arbeit wird, weil der vorgegebene Seitenumfang sonst nicht eingehalten werden kann!

- **Verzeichnisse**

  Jede Projektarbeit erfordert unterschiedliche Verzeichnisse. Grundsätzlich gehört ein Inhalts- und Literaturverzeichnis zu einer derartigen Arbeit. Je nach Art und Umfang kommen allerdings noch andere Verzeichnisse hinzu, so z. B.:

  - Abbildungsverzeichnis
  - Abkürzungsverzeichnis
  - Tabellenverzeichnis
  - Verzeichnis der Anhänge

  Wie diese Verzeichnisse angeordnet werden können, ist bei dem Gliederungsentwurf auf der Seite 73/74 zu sehen.

- **Eidesstattliche Erklärung**

    Sehr häufig ist in Prüfungsordnungen vorgeschrieben, dass eine eidesstattliche Erklärung der Arbeit beigefügt sein muss. Damit gibt der Autor eine eidesstattliche Versicherung darüber ab, dass er die Arbeit selbstständig angefertigt hat. Die Textform wird üblicherweise vorgegeben.

- **Sperrvermerk**

    Bei Projektarbeiten ist es häufiger der Fall, dass die Inhalte der Arbeit spezielle Informationen aus dem Unternehmen enthalten. Das betroffene Unternehmen kann dann von dem Autor verlangen, dass ein Sperrvermerk beigefügt wird. Damit wird sichergestellt, dass die Arbeit nur in die Hand der Prüfer gelangt und für weitere Veröffentlichungen und Darstellungen „gesperrt" ist.

    Eidesstattliche Erklärung und Sperrvermerk werden üblicherweise ganz zum Schluss der Arbeit beigefügt.

Wenn alle Materialien zusammengestellt sind, bleibt noch die Kontrolle der Gesamtarbeit als letzter Schritt übrig. Dazu gehört wesentlich das Korrekturlesen des Textes. Dabei ist den nachfolgenden Punkten besondere Beachtung zu schenken:

- Rechtschreibfehler, Grammatik und Interpunktion
- Vollständigkeit und Sachlogik der Gliederung
- leserfreundliche und formal richtige Ausdrucksformen
- Sinnhaftigkeit und Logik der Inhalte in Bezug zur Problemstellung und Zielsetzung
- Layout der Arbeit (incl. Abbildungen, Tabellen, Seitenumbrüche usw.)
- Beachtung aller Formvorschriften (u. a. Schriftart, Abstände, Zitierweisen, Abbildungen, Tabellen, Literaturverzeichnis und sonstige Verzeichnisse etc.).

Wenn diese Tätigkeit umgesetzt wurde, dann kann die Arbeit abgeschlossen und entsprechend den Vorschriften vervielfältigt und abgegeben werden.

Zum Abschluss einer Arbeit hat der Autor häufig ein Gefühl, das mit dem nachfolgenden Zitat gut getroffen wird:

> „So eine Arbeit wird eigentlich nie fertig.
> Man muss sie für fertig erklären, wenn man
> nach Zeit und Umstand das Möglichste getan hat."
>
> (Goethe)

Der Autor

Prof. Dr. Karl-Otto Döbber hat nach seiner Berufsausbildung zum Straßenbauer ein Bauingenieurstudium absolviert und anschließend mehrere Jahre in einem Ingenieurbüro als Statiker und Konstrukteur gearbeitet. Danach hat Karl-Otto Döbber an der Universität Stuttgart Wirtschaftswissenschaften und Berufspädagogik für das Lehramt an beruflichen Schulen studiert und war nach abgeschlossener Lehrerausbildung an einer Schule für Bautechnik als Lehrer tätig. Während dieser Zeit übernahm er Lehraufträge an der Universität Karlsruhe und am Seminar für Lehrerbildung. Anschließend führte er als Direktor die Leitung des Landesinstituts für allgemeine Weiterbildung in Mannheim und hat während dieser Zeit am KIT (Universität Karlsruhe) zum Dr. phil. promoviert. Karl-Otto Döbber übernahm verschiedene Funktionen als Fachleiter und Bereichsleiter am Seminar für Didaktik und Lehrerbildung in Karlsruhe, war am Kultusministerium Baden-Württemberg tätig und leitet seit mehreren Jahren bis heute das Seminar für Didaktik und Lehrerbildung (Berufliche Schulen) in Karlsruhe.

Dr. Karl-Otto Döbber ist seit vielen Jahren zusätzlich Lehrbeauftragter am KIT in Karlsruhe und Dozent in der Fortbildung für Betriebswirte im Handwerk. Für das Land Baden-Württemberg und für die Gesellschaft für Internationale Zusammenarbeit (GIZ) ist er als Kurzzeitexperte in unterschiedlichen Entwicklungs- und Schwellenländern eingesetzt.

Für die Landesakademie des Handwerks Baden-Württemberg engagiert er sich ehrenamtlich als stellvertretender Studienleiter und Fachbereichsleiter für Personalmanagement.

Literaturverzeichnis

Beern von, Dieter/Molfenter, Volker/Schneiderat, Bernd: Selbständig arbeiten. Seminarkurs, Seminarfach, Projektfach, Projektarbeit, Facharbeit. Köln: Bildungsverlag 1, 2012

Bundesgesetzblatt Jahrgang 2011 Teil I Nr. 13: Verordnung über die Prüfung zum anerkannten Fortbildungsabschluss „Geprüfter Betriebswirt nach der Handwerksordnung und Geprüfte Betriebswirtin nach der Handwerksordnung" vom 13. März 2011, ausgegeben zu Bonn am 31. März 2011

Buzan, Tony/Buzan, Barry: Das Mindmap-Buch: Die beste Methode zur Steigerung Ihres geistigen Potenzials. Landsberg am Lech: mvg-Verlag 2013

Dömötör, Rudolf: Erfolgsfaktoren der Innovativität von kleinen und mittleren Unternehmen. Wiesbaden: Gabler 2011

Doppler, Klaus/Lauterburg, Christoph: Change Management. Den Unternehmenswandel gestalten. Frankfurt a. M./New York: Campus-Verlag 2008, 12. Aufl.

Gassmann, Oliver/Granig, Peter: Innovationsmanagement. 10 Erfolgsstrategien für KMU. München/Wien: Hanser Verlag 2013

Granig, Peter/Hartlieb, Erich (Hrsg.): Die Kunst der Innovation. Von der Idee zum Erfolg. Wiesbaden: Gabler 2012

Hoffmann, Thomas/Balbierz, Silke: Das KVP-Handbuch für kleine und mittlere Unternehmen. Sternenfels: Verlag Wissenschaft und Praxis, 2010

Imai, Masaaki: Kaizen – Der Schlüssel zum Erfolg der Japaner im Wettbewerb, München: Wirtschaftsverlag Langen Müller Herbig, 1992, 2. Aufl.

Kostka, Claudia/Mönch, Anette: Change Management. 7 Methoden für die Gestaltung von Veränderungsprozessen. München/Wien: Carl Hanser Verlag 2009, 4. Aufl.

Kühtz, Stephan: Wissenschaftlich formulieren. Tipps und Textbausteine für Studium und Schule. Opladen: Leske + Budrich 2012, 2. Aufl.

Neckel, Hartmut: Modelle des Ideenmanagements. Intuition und Kreativität unternehmerisch nutzen. Stuttgart 2004

Niederhauser, Jürgen: Die schriftliche Arbeit. Mannheim: Duden – Bibliographisches Institut 2011

Offensive Mittelstand – Gut für Deutschland (Hrsg.): Unternehmensführung für den Mittelstand. Stuttgart: Schäffer-Poeschel 2012

Reiß, Michael: Change Management. In: Rosenstiel von, Lutz/Regnet, Erika/ Domsch, Michael E. (Hrsg.): Führung von Mitarbeitern. Handbuch für erfolgreiches Personalmanagement. Stuttgart: Schäffer-Poeschel 2009, 6. Aufl.

Rogers, Everett, M.: Diffusion of Innovations. New York: Free Press 2003, Edition 5th

Rossig, Wolfram E./Prätsch, Joachim: Wissenschaftliches Arbeiten. Weyhe: PrintTEC Druck und Verlag 2011, 9. Aufl.

Schori, Kurt/Roch, Andrea: Innovationsmanagement für KMU. Bern/Stuttgart/ Wien: Haupt 2012, 2. Aufl.

Steffen, Rolf/Steffen, Uco: Spitzenleistung im Handwerk. Stuttgart: Gentner Verlag 2007, 2. Aufl.

Stolzenberg, Kerstin/Heberle, Krischan: Change Management. Veränderungsprozesse erfolgreich gestalten – Mitarbeiter mobilisieren. Heidelberg: Springer Medizin Verlag 2009, 2. Aufl.

Stickel-Wolf, Christine/Wolf, Joachim: Wissenschaftliches Arbeiten und Lerntechniken. Erfolgreich studieren – gewusst wie. Wiesbaden: Gabler Verlag 2013, 7. Aufl.

Thom, Norbert/Piening, Anja: Vom Vorschlagswesen zum Ideen- und Verbesserungsmanagement. Kontinuierliche Weiterentwicklung eines Managementkonzepts. Bern: Verlag Peter Lang 2009

Vahs, Dietmar: Organisation: Ein Lehr- und Managementbuch. Stuttgart: Schäffer-Poeschel-Verlag 2012, 8. Aufl.

Vahs, Dietmar/Brem, Alexander: Innovationsmanagement. Vor der Idee zur erfolgreichen Vermarktung. Stuttgart: Schäffer-Pöschel 2013, 4. Aufl.

Internetquellen

http://wirtschaftslexikon.gabler.de/Archiv/54588/innovation-v8.html

https://www.blb-karlsruhe.de/

Stichwortverzeichnis

A

A-B-C-Analyse   79
ALPEN-Methode   78
Ängste   29
Anhang   89
Arbeitsgliederung   82
Audits   58

B

Balkendiagramm   76
Bedürfnisse   28
Betreuer   74
Betriebliche Rahmenbedingungen   22
Bezugsrahmen   70, 71
Blockaden   31
Brainstorming   37
Brainwriting (Methode „6-3-5")   38

C

Change Management   23

D

Deming-Regelkreis   51
Demografischer Wandel   14
Denk- und Arbeitsleistung   67

E

Eidesstattliche Erklärung   90
Einflussanalyse   46
Einleitung   84
Einstiegsphase   41
Emotionen   26
Entwurfsmanuskript   84
Erfahrungsaustausch   56
Erfolgsmessung   63
Ergebnissicherung   42

Erweiterter Kurzbeleg   86
Extremszenarien   45

F

Fachartikel   81
Fachgespräch   67
Fernleihe   82
Findungstechniken   55
Fußnoten   86

G

Gedächtnis-Landkarte   35
Geprüfter Betriebswirt   81
Gliederung   71
Grobgliederung   74
Gruppenarbeit   42

H

Harvard-Zitierweise   87
Hauptteil   84

I

Ideenaustausch   38
Ideenauswahl   59
Ideenfindung   34, 35
Ideenfindungsmethoden   37
Indirekte Zitate   36
Innovation   19
Innovationskraft   19
Innovationsmanagement   20
Innovationsprozess   33
Innovationsquellen   33
Innovationsstrategie   33
Innovationsumsetzung   60
Internationalisierung   14
Internetquellen   83

K

Kaizen 48
Karteikartensammlung 82
Kartenfrage 40
Klein- und Mittelbetriebe 13
Komfortzone 28
Kommunikation 39, 47
Kontinuierlicher Verbesserungsprozess (KVP) 51
Kulturinnovation 20
Kundennutzeninnovation 20
Kundenzufriedenheit 51
Kurzbeleg 87
KVP-Grundregeln 52
KVP-Koordinator 53

L

Literaturverzeichnis 87
Lösungsfindung 38
Lösungsvariante 56

M

Machtpositionen 29
Managementmethoden 49
Mehrwert 34
Mindmapping 34
Mitarbeitermotivation 51
Mitarbeiterorientierung 50, 51
Mitarbeiterqualifikation 51
Mitarbeiterverhalten 25
Mobilität 15
Moderationsmethode 39
Moderationssequenz 41
Moderator 40

O

Oberbegriffe 36
Organisationslehre 47

P

PDCA-Regelkreis 61
Planungsrevisionen 77
Präsentation 42, 67
Problemlösungsteams 54
Problemstellung 70
Projekt 62
Projektabschluss 63
Projektarbeit 67
Projektbearbeitungsphase 76
Projektdefinition 63
Projektdurchführung 63
Projektmanagement 60, 62
Projektmanagementinstrumente 75
Prozessbegleiter 40
Prozessbeschreibung 58
Prozessinnovation 20
Prozessorientierung 50
Prüfungsordnung 68
Prüfungsvorbereitungsphase 76

Q

Qualitätszirkel 54
Quellenangabe 87
Quellenrecherche 71

R

Reaktionsmuster 26, 30
Recherche 82

S

Schlüsselwörter 35, 36
Schlussteil 88
Selbstbestimmung 39
Selbstständigkeit 39
Sicherheit 29
Situationsanalyse 46
Soziale Prozesse 28
Sperrvermerk 90

Strategiefragen   15
Suchmaschine   83
SWOT-Analyse   44
SWOT-Matrix   44
Szenario-Technik   45
Szenario-Trichter   46

T

Textergänzungen   89
Textgestaltung   85
Themenauswahl   69
Themenfindung   82
Themenformulierung   69
Themenspeicher   41
Titelseite   89
Trendszenarien   45

U

Unsicherheit   29
Unternehmenskultur   50
Unternehmenssteuerung   21
Unternehmensstrategien   48
Unternehmens- und
Führungskultur   52
Ursachenanalyse   55

V

Veränderungskompetenz   23
Veränderungsphasen   28
Veränderungsprozesse   24
Verzeichnisse   89
Visualisierung   40, 42
Vorphase   76

W

Wandel   25
Wettbewerbsvorsprung   50
Widerstände   24
Wissenschaftliche Arbeiten   81
Wörtliche Zitate   86

Z

Zeitplanung   75
Zielsetzungen   70
Zitate   86
Zitierregeln   86
Zitiertechnik   85
Zukunftsbilder   45
Zukunftsentwurf   46